EINSTEIN SERIES
volume 7

ブラックホールを飼いならす!
ブラックホール天文学応用編

福江 純 著

恒星社厚生閣

はじめに

　ブラックホールは現代の天文学ではもはやかかせないアイテムだ．しかし，ブラックホールという名前が超有名な一方で，その実体については意外と知られていない．というか，噂だけが一人独り歩きして，誤解されていることも少なくないようだ．さらにブラックホールについて学ぼうと思っても，オハナシだけの啓蒙書と数式だらけの専門書の両極端にわかれていて，帯に短し襷に長し，というのが現状である．

　本書『ブラックホールを飼いならす！』と姉妹書『ブラックホールは怖くない？』では，ブラックホール宇宙物理学について，相対論的な考え方の基礎から，実際の宇宙における応用までを，最新の成果に基づいて紹介しようと試みた．本書は応用編で，姉妹書は基礎編に相当するが，それぞれ独立に読めるように配慮してある．本書では，まず第1章でブラックホールを扱ったSFを紹介したのち後，実際の宇宙においてブラックホールなどが重要な役割を果たしている現象を説明し（第2章，第3章，第4章），ブラックホールの一生（第5章），自転ブラックホールの特徴（第6章），ワームホール現象（第7章）などに触れて，最後の第8章でブラックホールの利用法についてまとめた．

　姉妹書と同様，読者の理解の便を図るために，イラスト・画像・グラフや表などを多用した．また空間の歪みや光線の曲がりなど，しばしばいいかげんな説明図で済まされるようなものも，本書では相対論を用いてきちんと計算し，その結果を，視覚的にもわかりやすく表現した．本書の性格上，数式でくどくど説明することは避けたが，簡単な式は理解の一助にもなるので，グラフを描くのに使った式や簡単な導出などは，数式コーナーとして別枠でまとめた．本文で紹介できなかった余談や趣味の話は，コラムとしてまとめた．

　高校生以上であれば，本書は十分に読めると思う．ブラックホールやブラックホール宇宙物理学に興味のある人，これから一般相対論を学ぼうとする人，さらには高校や大学において物理や天文学を教えている人たちに，本書を活用してもらえば幸いである．またもちろん，SFやSFアニメの好きな人にも本書を手に取っていただければ，ありがたい．

筆者

目　　次

はじめに …………………………………………………………………………………… iii
CHAPTER1　ブラックホールSF ……………………………………………………… 1

CHAPTER2　宇宙アクリーション天体 ……………………………………………… 5
2.1　降着現象の観測 ………………………………………………………………… 5
2.2　球対称アクリーション ………………………………………………………… 11
2.3　円盤状アクリーション ………………………………………………………… 26
　　●COLUMN1●　ブラックホールの見つけ方　その2／エネルギー放射 … 38
　　●COLUMN2●　ブラックホールのシルエット　光る衣を撮る ………… 39

CHAPTER3　宇宙ジェット天体 ……………………………………………………… 43
3.1　宇宙ジェット現象の観測 ……………………………………………………… 43
3.2　宇宙ジェットの超光速現象 …………………………………………………… 49
3.3　宇宙ジェットのモデル ………………………………………………………… 56
　　●COLUMN3●　世紀末の宇宙ジェットと新世紀の宇宙ジェット ……… 68

CHAPTER4　重力レンズ天体 ………………………………………………………… 71
4.1　重力レンズ現象の観測 ………………………………………………………… 71
4.2　マクロ重力レンズ ……………………………………………………………… 75
4.3　マイクロ重力レンズ …………………………………………………………… 81
　　●COLUMN4●　ブラックホールの見つけ方　その3／重力レンズ効果 … 84
　　●COLUMN5●　手作り重力レンズ …………………………………………… 85

CHAPTER5　ブラックホールの一生 ………………………………………………… 87
5.1　ブラックホールの誕生 ………………………………………………………… 87
5.2　ブラックホールの成長 ………………………………………………………… 93

目　次

 5.3　ブラックホールの蒸発 ……………………………………… 105
  ●COLUMN6●　ブラックホールの生涯 ……………… 114
  ●COLUMN7●　ブラックホールシンドローム裏話 ……… 115

CHAPTER6　ブラックホールの渦動 ……………………………… 117
 6.1　カー時空 ………………………………………………………… 117
 6.2　渦動時空の性質 ………………………………………………… 125
 6.3　渦動時空のエネルギー解放 …………………………………… 133
  ●COLUMN8●　ティプラータイムマシン ……………… 139

CHAPTER7　ブラックホールとワームホール ……………………… 141
 7.1　無限ダイアグラム ……………………………………………… 141
 7.2　時空コネクション ……………………………………………… 150
 7.3　蟲道ネットワーク ……………………………………………… 153
  ●COLUMN9●　ワームホールマシン …………………… 158

CHAPTER8　ブラックホールの利用法 ……………………………… 161
 8.1　ブラックホール技術 …………………………………………… 161
 8.2　ブラックホール機関 …………………………………………… 165
 8.3　ブラックホール都市 …………………………………………… 169
参考文献 ………………………………………………………………… 173
あとがき ………………………………………………………………… 175

CHAPTER 1
ブラックホール SF

　ブラックホール宇宙物理の基礎的な内容は『ブラックホールは怖くない！』で説明した．本書では，ブラックホール宇宙物理の応用編として，実際の宇宙において，ブラックホールや相対論的効果が劇的な役割を果たしている場面や，ブラックホールの進化などについて，説明していきたい．

　ブラックホール宇宙物理の本論に入る前に，ブラックホールを取り扱ったSFやアニメについて，この章で紹介しておこう．ブラックホール周辺では身のまわりの世界とはかけ離れた奇妙奇天烈な現象が起こるので，一般向けの解説書はもとより，SF，マンガ，アニメ，映画，その他，さまざまなフィクションでも，ブラックホールはしばしば扱われている．これらのフィクションで出てくるブラックホールには，名前のイメージだけで悪者扱いされ，内容的にはまったく間違っているものも少なくない（もっとも，解説書などでも変てこな説明をしたものもあるから，本書も含め（笑），書籍の体裁を取っているからといって，内容を鵜呑みにしない方がいいだろうが）．しかし，フィクションの中には，専門家でも兜を脱いでしまうような優れた表現や印象的な描写をしているものも少なくない．ブラックホール学習の合間にはフィクションを観るぐらいの余裕が欲しいところだ．

1) SF 小説

　　○ヴァン・ヴォークト『目的地アルファ・ケンタウリ』創元推理文庫（1973年）
　　　相対論的時差やローレンツ収縮などの描写が出てくる古典的SF．
　　○ラリイ・ニーヴン『太陽系辺境空域』ハヤカワ（1979年）
　　　エネルギー源として，カー＝ニューマン・ブラックホールが出てくる．
　　○ラリイ・ニーヴン『中性子星』ハヤカワ（1980年）

中性子星の強力な潮汐力がテーマになっている．
○ポール・アンダースン『アーヴァタール』創元推理文庫（1981年）
ティプラー円筒と呼ばれる回転時空タイムマシンが出てくる．
○ロバート・L・フォワード『竜の卵』ハヤカワ（1982年）
中性子星上の生物チーラとの邂逅が描かれている．
○小松左京『さよならジュピター』徳間（1983年）
太陽系に飛来したブラックホールを退治する話．
○アーサー・C・クラーク『地球帝国』ハヤカワ（1985年）
ミニブラックホールを利用した推進装置が出てくる．
○ラリイ・ニーヴン『時間外世界』ハヤカワ（1986年）
銀河系中心の超巨大ブラックホールが出てくる．
○カール・セーガン『コンタクト』新潮社（1986年）
ワームホールを使った銀河鉄道ネットワークが出てくる．
○堀晃『バビロニア・ウェーブ』徳間書店（1988年）
ダークマターが出てくる．
○J・C・ホイーラー『ブラックホールを破壊せよ』光文社（1988年）
ミニブラックホールが出てくる．

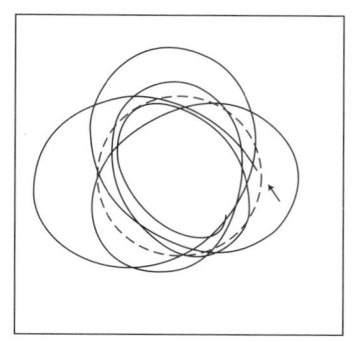

図1・1　地球内部を運動するマイクロブラックホールの軌道．破線が地球表面を表す．矢印から地球内部に貫入したブラックホールは，地球物質を吸い込みながら，次第に落下していく．

SF小説

○グレゴリー・ベンフォード『大いなる天上の河』ハヤカワ（1989年），『光の潮流』ハヤカワ（1990年），『荒れ狂う深淵』ハヤカワ（1995年），『輝く永遠への航海』ハヤカワ

銀河系中心の超巨大ブラックホールと降着円盤が出てくる．

○ドナルド・モフィット『第二創世記』ハヤカワ（1991年）

銀河系中心の超巨大ブラックホールとジェットが出てくる．

○ポール・アンダースン『タウ・ゼロ』創元推理文庫（1992年）

暴走するラムジェット推進宇宙船が描かれている．

○ロバート・J・ソウヤー『ゴールデン・フリース』ハヤカワ（1992年）

ラムジェット推進宇宙船が出てくる．

○山本弘とグループSNE『サイバーナイト　漂流・銀河中心星域』角川スニーカ（1992年），『サイバーナイトII　地球帝国の野望』角川スニーカ（1994年）

銀河系中心の超巨大ブラックホールが出てくる．

○スティーヴン・バクスター『時間的無限大』ハヤカワ（1995年）

ワームホールを利用したタイムマシンが出てくる．

○デイヴィッド・ブリン『ガイア』ハヤカワ（1996年）

人工のマイクロブラックホールが出てくる．

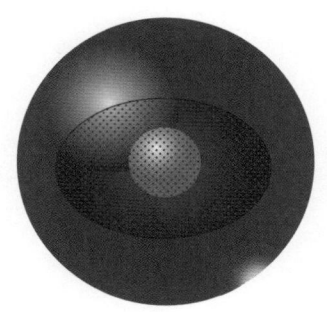

図1・2　降着円盤を取り囲む人工構造物．

○林譲治『ウロボロスの波動』早川書房（2003年）
　　ブラックホールのまわりの人工降着円盤が出てくる．
2）SFマンガ
　○団獅子丸『ブラックホール？？』講談社（1982年）
　　ブラックホールが出てくる．
　○トム笠原『コスモス★エンド』集英社（1982年）
　○笠原俊夫『コスモス★エンド』日本出版社（1989年）
　　銀河系中心の超巨大ブラックホールと降着円盤が出てくる．
　○聖悠紀『超人ロック』＃29「黄金の牙編」少年画報社（1986年）
　　ブラックホールが出てくる．
3）SFアニメ
　○ガイナックス『トップをねらえ！』バンダイ／ビクター（1988年）
　　ウラシマ効果やブラックホール爆弾が出てくる．

CHAPTER 2

宇宙アクリーション天体

　前著『ブラックホールは怖くない！』では，ブラックホールのまわりで生じる現象について，その特徴や仕組みや検証を述べてきた．本書では，ブラックホールや相対論が中心的な役割を果たしている宇宙的現象について，いわばブラックホールが活を入れた宇宙像を紹介する．まずその手始めに，本章では，ブラックホールがエネルギー源として働く宇宙重力発電所－アクリーション天体について，観測的事実，物質アクリーションの基本メカニズム，そして1970年代から現代宇宙物理学の桧舞台に登場した降着円盤を説明していこう．

2.1　降着現象の観測

　暗黒の宇宙空間で光っている天体と言えば，太陽を代表とする星を思い浮かべるのが普通だろう．実際，星は宇宙の主要な構成員であり，我々の天の川も数千億個の星と大量の星間ガスからできている．また宇宙には数千億個の銀

星	人	降着天体

原子核エネルギー	化学エネルギー	重力エネルギー

図2・1　星と宇宙アクリーション天体．

CHAPTER2 宇宙アクリーション天体

河が存在していると見積られている.

しかし,宇宙には,星に比べて遥かに膨大なエネルギーで輝いている天体が存在する.それが宇宙アクリーション天体だ.「宇宙アクリーション天体」とは,ブラックホールなど重力を及ぼす天体にガスが落下降着（アクリーション）している天体のことだ.星が核融合反応のエネルギーによって光っているのに対し,宇宙アクリーション天体は,降着するガスが重力エネルギーを解放し光輝いている（図2・1）.星に比べてアクリーション天体が目立たなかったのは,それらの数が少なかったり,遠くにあったり,可視光以外のX線や電波などで主にエネルギー放射をしていたためだが,現在では,宇宙におけるさまざまな活動現象の中心天体として多くのアクリーション天体が知られている.

宇宙アクリーション天体としては,星間ガス雲の中で誕生したばかりの天体でまだまわりから星間ガスの落下が続いている「原始星」,ブラックホール（や中性子星など）とふつうの星の連星系でブラックホールが相手の星からガスを吸い込んでいる「X線星」,そして中心に超巨大ブラックホールを抱え込んだ「活動銀河」や宇宙の彼方の「クェーサー」などが知られている.これらのさまざまな活動的天体現象では,ブラックホールなど中心天体のまわりをめぐる降着円盤が非常に重要な役割を果たしている.

1）活動銀河

楕円銀河や渦状銀河など天体写真でおなじみの銀河は,数千億の恒星が集まってできている.これらの銀河（通常銀河）の光は,基本的には数千億個の星からくる光の総和である.そして普通の恒星が主に可視光で輝いていて電波やX線をあまり出さないために,通常銀河も強いX線や電波は出していない.また明るさが変化したりすることもない.一方,「活動銀河」とは,通常銀河に比べ,電波やX線領域で莫大なエネルギーを放出していたり,とくに銀河の中心部分である「中心核」が異常に明るかったり,その明るさがさまざまな波長域で激しく変動したり,相対論的な高エネルギー現象を示していたり,まるで爆発しているかのような異様な姿をしていたり,要するに何らかの特異な構造や性質をもつ銀河である（図2・2）.強い電波を放射している「電波銀河」や青白い中心核をもつ「セイファート銀河」,さらにきわめて遠方の活動銀河「クェーサー」など,種々のタイプが知られている.

2.1 降着現象の観測

図 2・2　活動銀河 NGC4261（ハッブル宇宙望遠鏡）．

　天体物理学者の多くは，活動銀河の中心には太陽の1億倍もの質量を持ち，胴回りが地球軌道くらいある超特大のブラックホールが鎮座していると信じている（図2・3）．星の進化の果てにできる太陽質量程度のブラックホールと区別

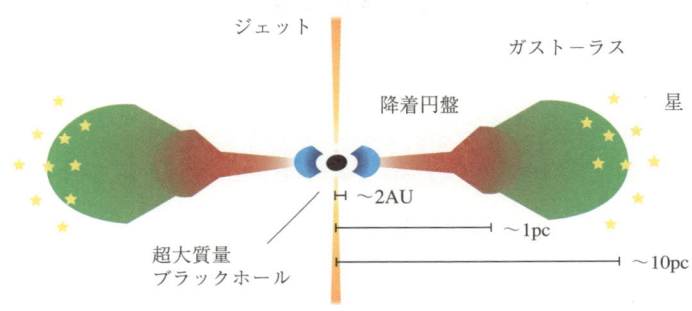

図 2・3　活動銀河中心核の描像．

7

するために，そのようなブラックホールは「超巨大ブラックホール」とか「超大質量ブラックホール」と呼ばれている．さらにその巨大なブラックホールの周囲にこれまた巨大なガス降着円盤があり，そのブラックホール＋ガス降着円盤システムが銀河中心の活動現象の主動者だと考えているのだ．

2）近接連星型X線星

いわゆる連星（系）は，その名の示す通り2つの恒星が互いのまわりを公転している天体であるが，とくに2つの星が触れ合わんばかりにしてお互いのまわりを公転している連星系を「近接連星（系）」と呼ぶ（図2・4）．ふつうの連星の公転周期は数百日から数年に及ぶこともあるが，近接連星では1日とか数時間程度のものも珍しくない．

図2・4
近接連星系　はくちょう座X-1.
主星：ブラックホール＋降着円盤
伴星：O9型青色超巨星
距離：約2kpc
公転周期：5.6日
軌道傾斜角：27°
（大阪教育大学）

近接連星系では，重力とくに潮汐力や，質量交換，エネルギー照射などを通して，主星と伴星はお互い物理的に強く影響を及ぼし合い，構造や進化などが単独の星の場合と全然違ってくる．例えば潮汐力の結果，主星と伴星がお互いに相手の方に同じ面を向けるようになるとか（自転同期），星の形が球形からずれて涙滴状に変形するとか，また質量交換の結果，相手の星からガスをもらって若返ることもある．

ところで，ふつうの星とコンパクト星（ブラックホール，中性子星，白色矮星）からなる近接連星系の場合，それぞれの星の重力圏の大きさは共にふつう

2.1 降着現象の観測

の星ぐらいの大きさで同じくらいだが，コンパクト星のサイズは非常に小さいので，コンパクト星の重力圏はほとんど空っぽである．そのため，ふつうの星が進化などのために膨張して重力圏いっぱいまで膨れると，水素の外層が2つの星の間の引力の均衡点（ラグランジュ点と呼ばれる）を超えて，コンパクト星の重力圏に流れ込む．流れ込んだガスは，連星系の公転運動のために，コンパクト星の軌道面にガスの円盤を形成することになる．ガスは，ふつうの星の外層から絶え間なく供給され，円盤内をほとんど円軌道を描きながらゆっくりと中心へ向かって落ちていき，最終的にコンパクト星に降り積もる（コンパクト星がブラックホールなら吸い込まれる）．このプロセスの間に，ガスは，その重力エネルギーを解放して輝くのである（図2・5）．

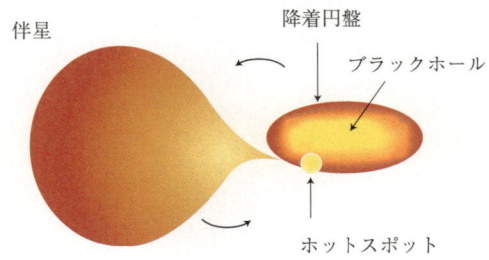

図2・5　近接連星系の描像．

3）原始惑星系円盤

　星は星間ガスの最も濃密な部分で生まれる（図2・6）．実際，オリオン星雲中などでは，現在でも暗黒星雲の奥深くで星が生まれており，1980年代にはその誕生現場が赤外線やミリ波で見えてきた．星間ガス雲の中で生まれたばかりの原始星や「原始惑星系円盤」も宇宙アクリーション天体の一種である．

　まず濃密な星間雲である暗黒星雲（星を生む母体である暗黒星雲は，一酸化炭素COや一硫化炭素CSその他多くの星間分子のスペクトル線でよく見えるので，「分子雲」とも呼ばれる）の一部が，ある日，重力的に収縮を始める．もとのガス雲が完全に球状ということはまずあり得ない．ちょっとは球対称からのずれがあるものだ．ガス雲の収縮に伴い，そのようなずれはどんどん増幅され

る．さらにガス雲が最初から回転していたり磁場をもっていることも十分ありうる．これらの結果，重力収縮は球対称には起こらず，ガス雲は収縮しつつ次第に偏平になっていく．そしてその結果，ガスの円盤が形成されるのである．このガス円盤の中心の密度の濃い部分では，さらに収縮が進み，遂に「原始星」が誕生する．また原始星の周辺に残ったガス円盤は，原始星への質量降着などによって質量を減らしながらも，次第に「原始惑星系円盤」へと進化していく（図2・7）．そしてその原始惑星系円盤のガスが，部分的に凝集して，惑星となっていくのである．

図2・6　オリオン星雲中の原始星ガス円盤（ハッブル宇宙望遠鏡）．

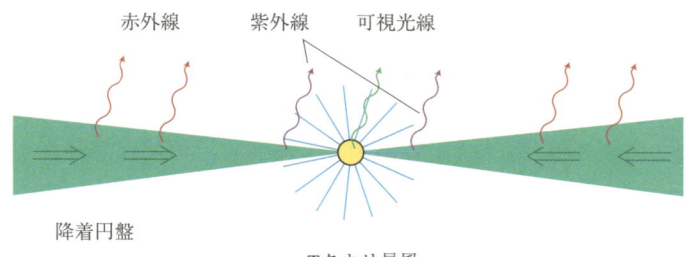

図2・7　原始星円盤の描像．

2.2 球対称アクリーション

　ブラックホールが宇宙活動の黒幕だとは言っても，涸れ谷にダムを造っても発電できないように，ブラックホール単独では何もできない．ブラックホールが「宇宙重力発電所」として稼動するためには，燃料となるガスの供給が不可欠である．近接連星系の場合は，ガスは伴星からラグランジュ点を通って供給されるし，銀河中心核の場合は，周囲の星間ガスや星などから供給される．では，供給されたガスは中心のブラックホールへ向けて最終的にどのように降り積もるのだろうか？　いわばダムへの水の溜り方の問題だが，降着の仕方には大別して，球対称な場合と円盤状の場合の2つがある．

　まず，ブラックホールが星間ガス雲の中に静止している場合など，ブラックホールに向かって角運動量の小さいガスが落下する場合は，ガスの落下の仕方はほとんど球対称になる（図2・8）．物質アクリーションの基本メカニズムとして，まず球対称アクリーションについて説明しよう．

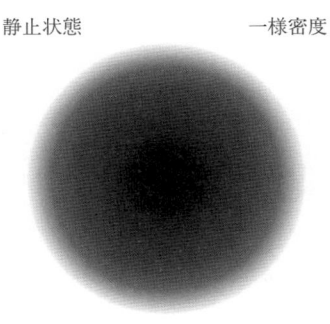

静止状態　　　　　一様密度

球対称アクリーション

図2・8　球対称アクリーション．

1）ボンディ降着

ブラックホールなどの重力天体が，密度一様の星間ガス中に（星間ガスに対して相対的に）静止しているとする．そのような状況で，重力天体にガスが落下

する仕方は，最初に解析したハーマン・ボンヂ（H. Bondi 1952）にちなんで，「ボンヂ降着」として知られている．十分遠方からガスが落下するのだから，いわゆる自由落下になるのかというと，実はそうではなく，ガスの圧力があるために，ボンヂ降着は自由落下とは違ったものになっている．

　降着ガスの振る舞い，すなわち速度場や密度分布などを正確に知るためには，ガスの圧力も考慮して運動方程式を解かなければならない．具体的に計算した例が図2・9である．図は10太陽質量のブラックホールへ向けて，絶対温度100Kでガス粒子密度10ヶ／1立方cmの典型的な星間ガスが，無限遠から定常的かつ球対称に降着しているときの計算例である．図の横軸は，ブラックホールのシュバルツシルト半径の100億倍（10太陽質量ブラックホールの場合，約0.01pc）を単位とした中心からの距離であり，縦軸は，100億シュバルツシルト半径におけるケプラー回転の速度（いまの場合，約2.12km／s）を単位とした速度である．実線が降着ガスの落下速度，破線がガスの音速，一点鎖線が（ガスの圧力のない）自由落下の速度を表す．

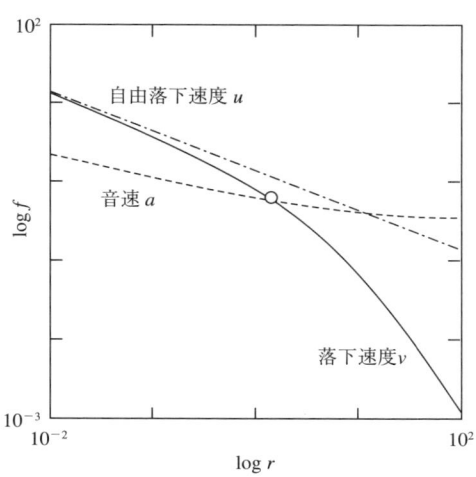

図2・9　ボンヂ降着の計算例．

2.2 球対称アクリーション

まず落下速度（図の実線）を見ると，無限遠ではガスは静止しているので，もちろん落下速度は0である．ボンヂ降着の場合でも，ガスが中心天体の重力に引かれて落下するに従い，落下速度は次第に増加する．しかし，ガスの圧力が働くボンヂ降着の場合，ガスは自分より内側に存在するガスの圧力によって支えられた状態になっているために，単純に重力だけに引かれて落下する自由落下（一点鎖線）に比べると，中心から十分遠方では，ガスの落下速度はかなり抑えられている．ただし，中心に近づくと，内側のガスも減り重力もより強まるため，ガス圧の効果は効かなくなって，ボンヂ降着の落下速度は自由落下的になる．

次に，ボンヂ降着流の音速（図の破線）をみてみよう．水素ガスなどの理想気体では，音速の2乗がガスの絶対温度に比例するので，音速は温度の変化を表していると思ってよい（また，音速は密度にも関係しており，密度が増加すると音速も増加する）．無限遠では，星間ガスは温度も密度も一定の状態で音速も一定だが，落下するにつれて，広い範囲から狭い範囲にガスが集まるために，ガスは圧縮される．ガスの冷却がなければ，ガスは中心に向かうにつれて断熱的に圧縮され，その結果，温度（や密度）が上昇し，したがって音速も次第に大きくなる．

ガスの流速（落下速度）と音速の個別の振る舞いは上記の通りだが，全体の様相としては，無限遠では流速はほぼ0で音速は有限なので，流速の方が音速より小さい，いわゆる「亜音速」の状態になっている．一方，中心付近では，流速はほぼ自由落下になり音速を上回るので，流速の方が音速より大きな，いわゆる「超音速」の状態になっている．そのため，無限遠から中心の間のどこかで，流速が音速を超えるという「遷音速」現象が起こる．その場所を「遷音速点」と呼んでいる（図の白丸）．

このような亜音速から超音速へいたる定常流の解析は，数学的には，微分方程式系の臨界点と固有値問題に帰着するのだが，重要なのは，その過程で，単位時間あたりにガスが落下する量—ガスの「質量降着率」—が固有値として求まるのである．実際，上記の例において，星間ガスがブラックホールに向けて定常的にアクリーションするとき，1年間に約 0.8×10^{-8} 太陽質量のガスが落下することになる（言い換えれば，約1億年で太陽1個分のガスが落下すると

いうことだ）．ちなみに，ボンヂ降着の質量降着率は，中心の天体の質量の2乗に比例し，無限遠でのガス密度に比例し，無限遠でのガスの絶対温度の1.5乗に反比例する．

　中心の天体がブラックホールの場合，上の話だけなら，降り積もったガスはすべてブラックホールに吸い込まれる．しかし実際は，以下に述べるエネルギー解放があるために，ガスからの放射や熱伝導その他の現象が起こるだろう．

数式コーナー

ボンチ降着の領域

　質量 M の光っていない天体に，密度 ρ_∞（粒子密度は n_∞）で温度 T_∞（音速は a_∞）のガスが，無限遠から定常的かつ断熱的に球対称アクリーションするときの，主な関係式を与えておく．

　まず，音速 a と温度 T の関係は，
$$a^2 = \gamma \, (R_{\text{gas}} / \mu) \, T$$
となっていて，音速の2乗がガスの温度に比例する．上の式で，R_{gas} は気体定数で，$R_{\text{gas}} = 8.31 \text{J}/\text{deg}/\text{mol}$ である．また μ は平均分子量と呼ばれる量で，水素プラズマなら 0.5，中性水素ガスなら 1，水素分子なら 2 となる．γ は比熱比（定積比熱と定圧比熱の比）で，アクリーションするガスの熱力学的な性質によって決まり，中性水素ガスやヘリウムガスのような単原子理想気体だと $\gamma = 5/3$，水素分子や酸素分子のような2原子理想気体だと $\gamma = 7/5$ になる．例えば，300 K の空気の音速はだいたい秒速 350 m ぐらいで，1万 K の水素プラズマの音速は秒速 20 km ぐらいになる．

　球対称アクリーションにおける，遷音速点の半径 r_c は，
$$r_c = \frac{GM}{2a_c^2} = \frac{5 - 3\gamma}{4} \frac{GM}{a_\infty^2}$$
で与えられる．

　具体的数値としては，
$$r_c = 7.98 \times 10^{12} \text{m} \times \frac{5 - 3\gamma}{4\gamma} \frac{M}{10 \text{太陽質量}} \left(\frac{T_\infty}{10^4 \text{K}} \right)^{-1}$$
のようになる．すなわち約 50 天文単位（太陽系のサイズ）ぐらいで，降着流は音速を超えるだろう．

　また遷音速点での流速 v_c および音速 a_c は，
$$v_c^2 = a_c^2 = \frac{2}{5 - 3\gamma} a_\infty^2$$
のように表せる．

数式コーナー

ボンヂ降着の質量降着率

先のようなボンヂ降着の質量降着率 N は,

$$N = \lambda(\gamma) \frac{4\pi (GM)^2 \rho_\infty}{a_\infty^3}$$

と表せる.ここで,$\lambda(\gamma)$ は比熱比 γ の関数で,概ね1ぐらいの値になる(下の表と図を参照).

具体的数値としては,

$$N = 2.74 \times 10^{-13} \text{太陽質量／年} \times \lambda(\gamma) \times \gamma^{-3/2}$$

$$\left(\frac{M}{10\text{太陽質量}}\right)^2 \left(\frac{T_\infty}{10^4 \text{K}}\right)^{-3/2} \left(\frac{n_\infty}{1 \text{ cm}^{-3}}\right)$$

のようになる.

γ	1.0	1.1	1.2	1.3	1.4	1.5	1.6	1.6666
λ	1.12	0.995	0.872	0.750	0.625	0.500	0.367	0.250

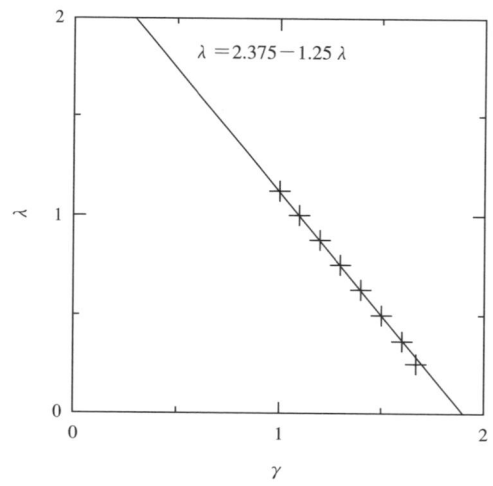

図2・10 比熱比 γ と因子 λ の関係
近似的に,$\lambda(\gamma) = -(5/4)\gamma + 19/8$ という関係で表される.

2.2 球対称アクリーション

2) エディントン光度

アクリーション現象に伴う降着エネルギー解放に進む前に，天体放射の基本概念として，エディントン光度について触れておく．

重力を及ぼす天体の近傍にある粒子に対しては，第一に，重力によって，中心方向内向きに引き寄せるような力が働く．ところで，もし中心の天体が光輝いていたら，中心の天体から四方八方に放射される光によって，粒子を外向きに押しやるような力が働く．この力は，「光圧」とか「放射圧」あるいは「輻射圧（ふくしゃあつ）」などと呼ばれる．地上では放射圧は無視できるが，重力の弱い宇宙空間や，ガスが非常に高温になるブラックホール周辺のような極限状態では，放射圧は非常に重要になることがある（放射圧の性質については，次章も参照）．

図2・11 重力と放射圧

中心の天体が光っているときに，中心の天体の質量は同じままにして，明るさをどんどん上げていくと，やがては放射の力が重力に拮抗するまでになるだろう．そのときの中心の天体の明るさが，エディントン卿（A. Eddington）にちなんで名付けられた「エディントン光度」である．天体がエディントン光度に

達すると，放射の力を受ける物質は天体に落下することができなくなる．さらに，もし天体の光度がエディントン光度を超えると，ガスは天体から外向きに吹き飛ばされることになる．光輝く天体周辺では，エディントン光度は特別な明るさを意味するのだ．

興味深いことに，エディントン光度は中心からの距離によらずに決まる．というのも，重力は中心からの距離の逆2乗で弱くなるが，放射（電磁波）も逆2乗の法則に従うので（単位面積を通過する光子の数は，距離の2乗に反比例して減少する），重力と放射圧は距離に関して同じように変化する．その結果，中心天体の光度が増加し，ある特定の光度になった途端に，全空間で，重力と放射の力が釣り合いの状態を迎えるのである．

エディントン光度は天体の質量に比例するが，天体の質量が同じでも，放射を受ける物質の性質によって，例えばプラズマガスか星間塵かなどによって，エディントン光度は異なる（表2・1）．

表2・1 天体のエディントン光度

天体	質量	光度	エディントン光度	
			水素プラズマ	平均的な星間塵
太陽	1太陽質量	1太陽光度	約3万太陽光度	約30太陽光度
原始星	1	1万	約3万	約30
青色超巨星	40	10万	約120万	約1000
X線星	10	数万	約30万	
クェーサー	1億	約1億	約1億	

1太陽質量 = 2×10^{30} kg
1太陽光度 = 3.85×10^{26} W

宇宙で最もありふれた水素プラズマガスの場合，ふつうの星のまわりでは，星自身の光度はエディントン光度より非常に小さいので，放射の力はあまり大きな影響はない．しかし，アクリーション天体である，X線星やクェーサーなどでは，中心の天体が非常に明るく，ほとんどエディントン光度程度で輝いていることも少なくないので，しばしば，放射の力が有力になる．

また電子と陽電子からなる電子陽電子対プラズマの場合，陽子と電子からなる通常のプラズマに比べて質量が1800分の1ほどしかないために重力は弱くな

2.2 球対称アクリーション

っているが（陽子と電子の質量比が1836），電子が受け取る放射力は変わらない．結果的に，電子陽電子対プラズマは放射の力を非常に受けやすくなり，エディントン光度は，通常のプラズマの約1800分の1に減少する．

さらに，0.05 μm 程度の典型的な星間塵（ダスト）の場合，エディントン光度は水素プラズマの場合の1000分の1程度しかなく，それだけ放射の影響を受けやすい．実際，太陽の場合，典型的な星間塵に対するエディントン光度は太陽光度の数倍から10倍程度であり，そのために，彗星の塵は，太陽光の影響を受けて吹き流されているのだ．プラズマガスよりも質量の大きな塵の方が放射圧の影響を受けやすいのは，意外な感じがするかもしれないが，重力は粒子の質量に比例するのに対して，光子を受ける面積は粒子の断面積に比例するために，このようなことになる．実際，プラズマガス中で放射の力をよく受ける電子は，単位質量あたりの断面積が$2.5\mathrm{cm}^2/\mathrm{g}$程度に過ぎないのに，典型的な星間塵では，単位質量あたりの断面積は数万cm^2/gにもなるのだ．

参考までに，中心天体の放射圧を考慮したボンディ降着の降着率を図2・12に示しておく．

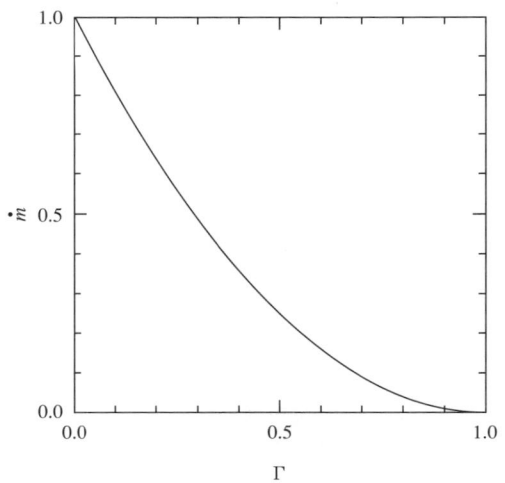

図2・12 光る天体への球対称ボンディ降着の降着率．
横軸はエディントン光度を単位にした天体の光度で，縦軸はボンディ降着率を単位として降着率を示す．天体が明るくなるにつれて降着率は減少し，エディントン光度で降着率は0になる．

数式コーナー

エディントン光度

　質量Mの天体が光度Lで光っているとする（図2・13）．光度は天体が毎秒放出するエネルギーで，例えば太陽の光度は3.85×10^{26}Wである．この天体からrの距離にある，質量がmで有効断面積がSの粒子にかかる力を考えよう．陽子と電子からなる水素プラズマの場合には，質量mは陽子の質量と考えてよく，断面積は電子のトムソン散乱の断面積σ_Tになる．

　まず，粒子（陽子＋電子）にかかる重力は，

$$-GMm/r^2$$

である．一方，光度Lは，距離rでは$4\pi r^2$の球面全体に広がるので，rのところで単位面積あたりに通過するエネルギーは，$L/(4\pi r^2)$になる．したがって，粒子（電子）が受け取れるエネルギーは，断面積をかけて，$\sigma_T L/(4\pi r^2)$となる．光子は，そのエネルギーを光速で割っただけの運動量を運ぶので，光子の流れが粒子に与える運動量（光圧）は，

$$\sigma_T L/(4\pi r^2)/c$$

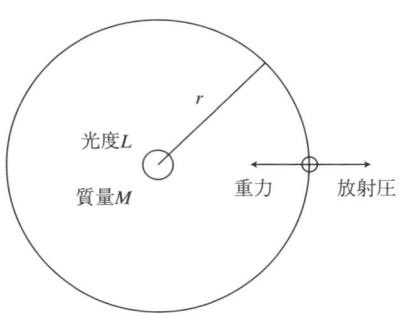

図2・13　エディントン光度

となる．したがって，重力と光圧を考えると，

$$\text{粒子にかかる力}=-\frac{GMm}{r^2}+\frac{\sigma_T}{c}\frac{L}{4\pi r^2}$$

で，重力も光圧も距離の2乗に反比例する．

　さらに，重力と光圧が釣り合う光度，すなわちエディントン光度L_Eは，

$$L_E=\frac{4\pi cGMm}{\sigma_T}=1.25\times10^{31}\text{W}\frac{M}{\text{太陽質量}}$$

となる．

2.2 球対称アクリーション

3）降着エネルギー

さて，ここでようやくブラックホール降着におけるエネルギー解放に話を進めることができる．

質量Mのブラックホールへ質量降着率$\dot{M}$で星間ガスがアクリーションしている，定常的で球対称なボンヂ降着について，先には，落下速度や音速など，流れの動力学的な性質を調べた．自由落下運動（前著6章）などと同様に，同じ状況を，今度は，エネルギー的な観点から考えてみよう．

もし，アクリーションしてきたガスがすべてそのままブラックホールに吸い込まれるなら，ブラックホールが肥え太るだけだ．しかし，ブラックホールへのボンヂ降着も落下現象の一種なので，重力エネルギーの解放を伴う．すなわち，まず先に述べたように，中心に落下するに従い，断熱圧縮によってガスの温度は上がっていく．ガスが高温になっただけで光を出さなければ，単純なボンヂ降着で話は済むのだが，通常は，ブラックホール近傍で数万度から数千万度と高温になったガスは光りだす．これらの過程はブラックホールの外部で起こるので，

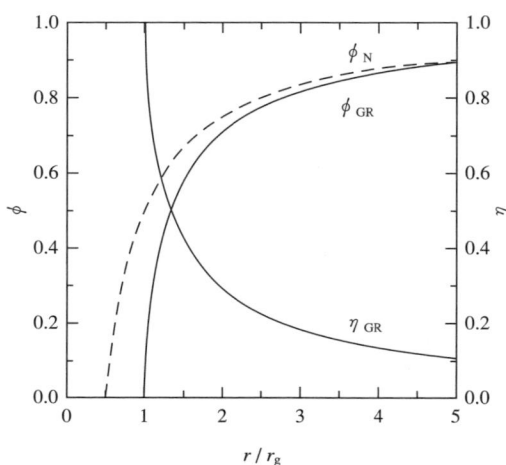

図2・14 降着エネルギー解放．
シュバルツシルト半径を単位とした中心からの距離，縦軸はシュバルツシルト・ブラックホールの場合のエネルギー解放の効率．重力ポテンシャルもあわせて示してある．

ガスから放たれた光は無限遠まで脱出できる．すなわち，アクリーション天体は，中心がブラックホールの場合でさえ，光り輝けるのである．

またガスの場合，エネルギー解放の起こり方は，粒子とは少し異なるものの，ブラックホールへのアクリーションでは，やはり膨大なエネルギーが解放されることには変わりない．すなわち，ブラックホールへの降着に伴って，ガスのもっている静止質量エネルギーのうち，1割から数割ものエネルギーが解放される可能性があるのだ（図2・14）．ブラックホールへのガス降着が，活動的な天体現象を理解するために，きわめて重要な素因であることがわかるだろう．実際には，熱伝導や対流や磁場の働きなど，他の要因も関与して，細かいプロセスは非常に複雑になるだろうが，基本的なメカニズムは変わらない．

エネルギー的な観点からは，

- ブラックホールに対して落下ガスがもっていた重力エネルギー
  ↓ 落下による断熱圧縮やガス内部の摩擦など
- ガスの内部エネルギー（ガスが高温になる）
  ↓ 電子と陽子の相互作用や磁場の影響によって発光する
- 電磁放射のエネルギー

という流れで，ガスの重力エネルギーが解放されるのだ．

降着ガスの重力エネルギー解放はまた，アクリーション自体に対しても影響を及ぼす．すなわち，（1）放射がエネルギーを持ち去るためにガスの温度が下がる－放射冷却，（2）放射が外向きに広がるためにガスの落下が抑えられる－放射圧．

後者で，先ほどのエディントン光度が関係してくる．すなわち，降着エネルギーの解放によってガスが光り輝くとき，その放射圧によって降着流自体が影響を受けるわけだ．とくに，無限遠でのガスの温度が低い，あるいは無限遠でのガスの密度が高いと，質量降着率は増加し，それに比例して降着に伴う放射光度も増加するので，放射圧が重要になる（図2・12）．

さらに，ガスの密度が高くなると，放射がガスを容易に通り抜けることができなくなり，別の問題が起こってくる．

数式コーナー

降着エネルギー

　降着エネルギーがどれほど大きいかを，ボンヂ降着の場合について検討してみよう．

　質量Mのブラックホールへ質量降着率Nで，星間ガスが定常的かつ球対称にアクリーションしているとする．毎秒あたり落下するガスの質量がNということは，アインシュタインの式（$E=mc^2$）から，毎秒あたり落下するガスの静止質量エネルギーは，Nc^2ということだ．このうち，効率η（シュバルツシルト・ブラックホールだと0.057）の割合だけ放射に変換されるとしたら，降着ガスが毎秒放射するエネルギー，すなわち光度Lは，

$$L = \eta \, N c^2$$

になる．

　この式に，ボンヂ降着の質量降着率：

$$N = 2.74 \times 10^{-13} \text{太陽質量／年} \times \lambda(\gamma) \times \gamma^{-3/2}$$

$$\left(\frac{M}{10\text{太陽質量}}\right)^2 \left(\frac{T_\infty}{10^4 \text{K}}\right)^{-3/2} \left(\frac{n_\infty}{1 \text{cm}^{-3}}\right)$$

を代入し，単位に注意して整理すると，降着ガスの光度として，

$$L = 1.55 \times 10^{26} \text{W} \times \lambda(\gamma) \times \gamma^{-3/2}$$

$$\left(\frac{\eta}{0.1}\right) \left(\frac{M}{10\text{太陽質量}}\right)^2 \left(\frac{T_\infty}{10^4 \text{K}}\right)^{-3/2} \left(\frac{n_\infty}{1 \text{cm}^{-3}}\right)$$

が得られる．

　この典型的な例では，降着光度は太陽光度の4割にもなる．降着エネルギーが非常に重要であることがわかるだろう．

　なお，質量降着率が大きくなると，降着ガスの光度も大きくなり，極端な場合にはエディントン光度にまで達する．エディントン光度が特別な光度であることから，降着ガスの光度がエディントン光度になるときの質量降着率を，とくに「臨界質量降着率」と呼ぶことがある．

4) 輻射の捕捉

　少し前に，中心天体が光っている場合（天体自らが光っていてもいいし，降着ガスのエネルギーが解放されて光っていてもいい），中心天体の光度がエディントン光度に達したときは，ガス粒子は，内向きの重力と等しい大きさの放射圧を外向きに受けるために，それ以上の降着は不可能になると述べた．しかし，常にそうだというわけではない．

　ウソをついたわけではないが，このような命題には，必ず，その命題が成り立つ条件というものがある．上の命題で黙っていた条件は，降着ガスが十分希薄で，中心天体の光が遠方まで邪魔されずに届くという条件だ．すなわちガスが光子に対して透明なことが条件だ（このことを「光学的に薄い」と言う）．一般的な星間ガスの環境では，星の光が地球まで届いていることからもわかるように，ガスは光学的に薄いので，先の命題は正しい．

　しかし，例えば，太陽の内部はガスの密度が非常に高くて，光子に対して不透明である（「光学的に厚い」と言う）．だから太陽の内部を透かして見ることはできない．またブラックホールなどの周辺でも，落下してきたガスの密度が非常に高くなって，ガスが光子に対して不透明になることがある．とくにブラックホール周辺のような相対論的極限領域では，光子がガスに捕らわれてしまう「輻射捕捉」と呼ばれる現象や，プラズマガスの内部に光子に満ちた泡領域が生じる「フォトンバブル」と呼ばれる現象など，変わったことが起きるのだ．

　太陽内部について，もう一度考えてみよう（図2・15左）．太陽中心部の核融合反応で生じた光子は，もし太陽内部が光子に対して透明ならば，太陽半径を光速で割った2.3秒程度で太陽表面まで通り抜けるだろう．しかし実際には，太陽内部のガス密度が非常に高く，光子はガスにぶつかりながら吸収・散乱を繰り返し，千鳥足（ランダムウォーク）で表面までやってくるので，太陽表面まで到達するのに，なんと100万年もかかるのだ．このときの光子の実効的な速度（いまの場合は，とくに「拡散速度」と呼ばれる）は，秒速0.1mmもないだろう．

　ブラックホールなどの周辺でも，ガス密度が高くてガスが光子に対して不透明になると，光子は真っ直ぐに突き抜けられずに，ガスに何度もぶつかりながらジグザグに進むようになる．その結果，光子の実効速度（拡散速度）は光

2.2 球対称アクリーション

速より小さくなる．太陽内部と大きく異なる点は，ガスは静止しているのではなく，ブラックホールに向けて落下している，それも光速近くで落下していることだ．光子が外向きに進む拡散速度は，あくまでもガスに対する速度なので，もしガスの落下速度の方が光子の拡散速度を上回れば，光子は外に抜け出る前にガスと共にブラックホールに吸い込まれてしまうのだ．これが「輻射捕捉」のアウトラインである．

この輻射捕捉が起こると，例えば降着エネルギーの解放で生じた光子の一部しか外に出られなくなるので，実質的には光度が減少する．その結果，ガス降着率は，エディントン光度相当のエネルギーを解放する臨界質量降着率を超えることが可能になる（中心天体がブラックホールでなければ，ガス降着率は臨界質量降着率を超えることはできない）．実際，たくさん落とせば落とすだけ，捕捉される光子も増えるので，どんなにガスを落としても，外部に出てこられる光子はせいぜいエディントン光度ぐらいだと見積られている．

この輻射の捕捉は，ブラックホール降着に特有の現象だが，もう1つ重要なのは，ブラックホールでもエディントン光度ぐらいで光ることができるという点だ．

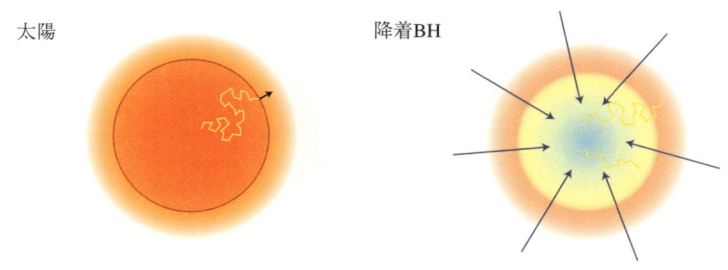

図2・15　輻射捕捉．

2.3 円盤状アクリーション

ところで連星系などでは供給されるガスはもともと回転しているし，ほとんど球対称な場合でも中心近くでは球対称からのずれが大きくなる．すなわち最初に少しでも角運動量をもっている限り，ごく自然な成り行きで，最後には，ガスは円盤状に降着する羽目になるだろう．「降着円盤」とは，原始星・白色矮星・中性子星・ブラックホールなど，重力を及ぼす天体のまわりに形成された，回転するガス円盤のことを指す．宇宙のさまざまな階層で発見されており，星形成やX線星やクェーサーや宇宙ジェットなど，しばしば活動的な現象を引き起こしている．降着円盤に落ち着いたガスは，粘性の働きで円盤内をブラックホールへ向けゆっくり落下してゆき，その過程で摩擦により発熱し重力エネルギーを解放してゆく．なんとスケールの大きな天然の発電所であろうか！

1）角運動量の障壁

重力によって中心天体に引き寄せられたプラズマガスも，角運動量をもっていれば，すぐに落ちてしまうことはない．角運動量を保存した粒子の運動では，遠心力のために粒子が中心に近づけなくなる「角運動量障壁」が存在する

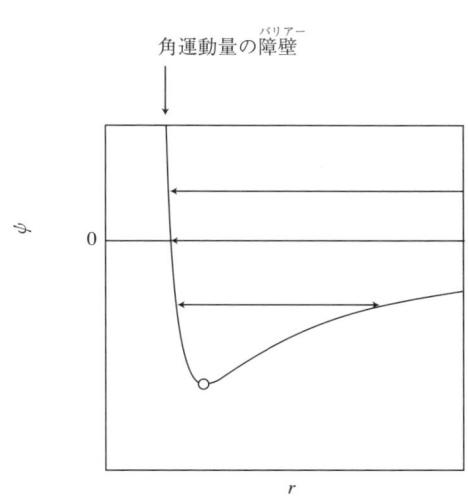

図 2・16　角運動量の障壁．

2.3 円盤状アクリーション

（前著6章）．十分遠方から落下する粒子は，最初の半径と速度に対応する角運動量をもっていて，その角運動量とエネルギーで決まる有効ポテンシャルの中を落下する（図2・16）．その有効ポテンシャルは，中心で高く聳え立っていて，そこが"障壁"なのだった．

　ブラックホールなどへ向けて遠方から落下してきた星間ガスは，角運動量の障壁までは割と自由に落下できるが，障壁近傍でガスの落下は止められる．そして，障壁付近で，落下するガスの遠心力が重力と釣り合い始め，ガスは円盤状に広がって，ほぼケプラー的な回転運動を始める．すなわち，障壁の半径が円盤の外縁と言ってよい．障壁の半径がわかれば，中心付近に形成されるガス円盤のサイズが見積れるだろう．表2・2に，角運動量障壁の半径＝円盤のサイズの見積りを示す．いずれの場合も，降着円盤のサイズは，中心のブラックホールの大きさの10万倍とか100万倍（！）ぐらいになるだろう．

表2・2　降着円盤のサイズに見積り（典型的な値）

天体	質量 ［太陽質量］	落下ガスの 初期半径	落下ガスの 初期回転速度	障壁の半径＝ 円盤の外縁半径
近接連星のBH	10	太陽半径程度	公転速度程度	太陽半径程度
星間空間のBH	10	数光年	10m／s	50太陽半径
銀河中心のBH	1億	数千光年	1km／s	数光年

1太陽質量＝2×10^{30}kg
1太陽半径＝70万km

2）標準降着円盤

　降着円盤を構成しているガスの主成分は電離した水素ガスすなわち水素プラズマで，ヘリウムや他の重元素も若干含まれている．基本的なモデルでは降着円盤は平べったい円盤状で，不透明である．直観的には平たい星をイメージすればよい（図2・17）．

　降着円盤はブラックホールを中心として回転している．ガスは降着円盤の中を，太陽系の惑星のように，中心ほど早い回転角速度で回っている．ふつうの降着円盤のガスの回転の仕方はケプラーの法則に従うので，「ケプラー回転」と呼ばれる（図2・18）．

CHAPTER2 宇宙アクリーション天体

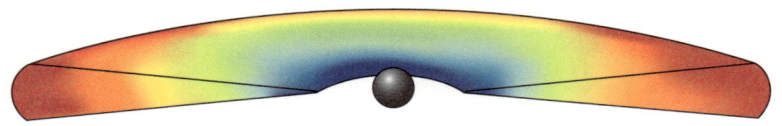

図2・17 ガス降着円盤.

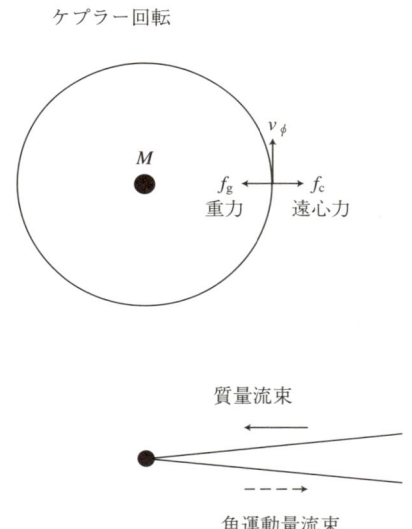

図2・18 降着円盤の回転則．重力と遠心力が釣り合っている．

　ケプラー回転している降着円盤の場合，太陽系の惑星とは根本的に異なる点が1つある．それは太陽系において中心の天体（太陽）のまわりを回る粒子（惑星）の間にはほとんど相互作用がなかったが，ガス円盤の場合はそのガスの粒子間に相互作用が強く働くことだ．一般にそれは「粘性」とか「摩擦」と呼ばれるものである．すなわちガスの各部分は，頻繁に衝突し合い，乱流渦などでまじり合い，さらに電磁場などを介在して遠方のもの同士が影響を及ぼし

2.3 円盤状アクリーション

合う．これらの相互作用－広い意味での粘性のために，ガス要素はほとんど円軌道を描きながらも（すなわち中心の天体からの重力と回転による遠心力がほぼ釣り合っている），少しずつ回転の勢いを失い中心の天体へと落下していくのである．

"粘性"の働きについて，もう少し詳しく言うと，まず，半径の隣り合うガス層の間での相互作用は，角運動量の輸送を引き起こす．すなわち回転角速度の早い内側の層は，少し回転角速度の遅い外側の層と相互作用することによって，角運動量すなわち回転の勢いを少し失い，さらに内側の軌道に移る．角運動量を得た外側のガス層は，それをさらに外側へ伝えていく．こうしてガスは降着円盤の中を回転しながら，次第に中心の天体へ向かって落下していき，一方，ガスの角運動量は降着円盤の内部を外側へ輸送されていくのだ．そのままだと降着円盤の内部のガスはすべて中心の天体に落ち込んでしまうが，常に外部からガスが補給され続けることによって，定常的な状態が維持される（図2・18）．

さらに，隣接する軌道のガス間で回転の仕方にズレがあるために，隣接する2つのリングの間では摩擦が働くことになる．このガスリング間の摩擦によって，おそるべき量の熱が発生する．ガスの回転は中心に近いほど大きいため，加熱の割合も中心ほど大きく，ガスの温度は中心に近いほど高くなる．実際，降着円盤のプラズマガスは場合によっては数万Kから1千万Kあるいはそれ以上の高温になると考えられている（図2・19）．太陽の表面でさえ6000K程度であることを思うと，降着円盤がいかに高温かということがわかるだろう．

またガスは，その温度に応じた電磁波を放射するので，降着円盤の外部領域では赤外線が，中心に近くなると可視光線がさらには紫外線やX線が放射されることになる．その結果，標準降着円盤から放射される光のスペクトルは，熱放射（黒体放射）のスペクトルを少し引き伸ばしたような形になる（図2・20）．この降着円盤からの電磁放射が，近接連星やX線星そして活動銀河の明るさの根源（の1つ）なのである．

CHAPTER2　宇宙アクリーション天体

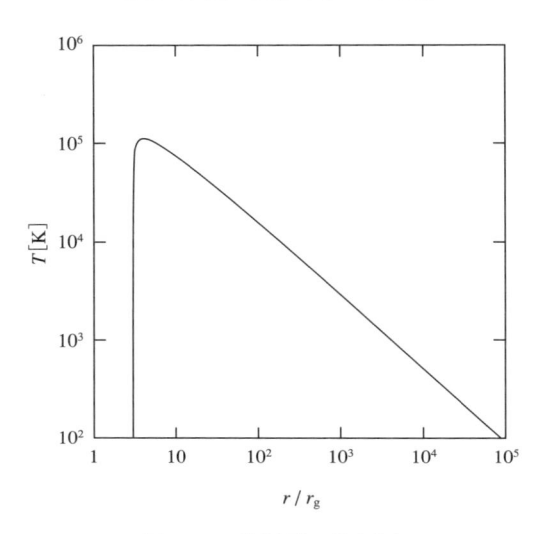

図 2・19　降着円盤の温度分布.
横軸はシュバルツシルト半径を単位とした中心からの距離，縦軸はガスの温度（共に対数表示）．ごく中心近傍（シュバルツシルト半径の3倍の最終安定円軌道半径より内側）では降着円盤は回転が維持できなくなり，ガスの温度が下がっている．ブラックホールの質量は太陽の1億倍で，質量降着率は1年間に太陽1個分とした．

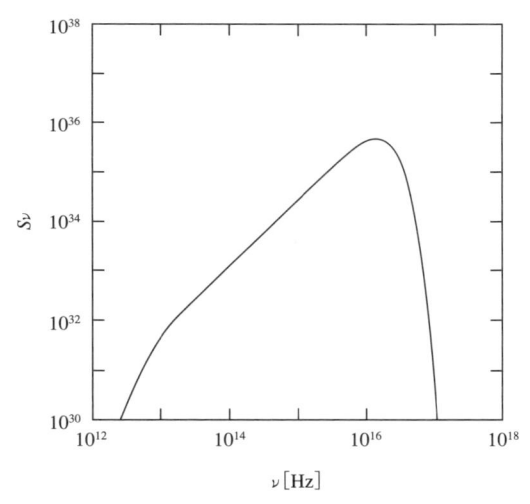

図 2・20　降着円盤のスペクトル.
横軸は放射される光の振動数，縦軸は光の強さ（共に対数表示）．

2.3 円盤状アクリーション

ところでガスをこれだけ加熱するためのエネルギーはどこから来るのだろう．そう，その源が重力エネルギーなのである．円盤のガスが回転の勢い（角運動量）を失って内側の軌道に移動すると，中心の天体による重力の勾配を少し落下するために，その落差だけ位置エネルギーが余ることになる．余った位置エネルギーの半分は回転を増すのに費やされるが（内側の軌道ほど早く回転しないと遠心力と重力が釣り合うことができない），残りの半分が粘性（すなわち摩擦）を通じて降着円盤のガスを加熱することに使われる．そして最終的には光に変換されて降着円盤表面から放出されるのである．

表2・3 いろいろな天体における降着円盤

天体	中心天体	降着円盤質量 ［太陽質量］	サイズ	温度 [K]	光度 ［太陽光度］
若い星	原始星	~ 1	~ 100AU	$\sim 10^{1-4}$K	$\sim 10^{0-4}$
激変星	白色矮星	$\leqq 10^{-9}$	$\sim$太陽半径	$\sim 10^{4-5}$K	$\sim 10^{0-2}$
X線星	中性子星	$\leqq 10^{-8}$	$\sim$太陽半径	$\sim 10^{4-9}$K	$\sim 10^{1-5}$
X線星	ブラックホール	$\leqq 10^{-8}$	$\sim$太陽半径	$\sim 10^{4-10}$K	$\sim 10^{1-5}$
活動銀河中心核	ブラックホール	$\sim 10^{5-9}$	$\sim$数光年	$\sim 10^{4-10}$K	$\sim 10^{11-13}$

1太陽質量＝2×10^{30}kg
1太陽半径＝70万km
1太陽光度＝3.9×10^{26}W
1AU（天文単位）＝1.5×10^{11}m

表2・3にまとめたように，降着円盤は，ブラックホール特有の現象ではなく，重力天体の周辺にはしばしば形成されているもので，さまざまな天体活動の主因となっている．ブラックホールのまわりの降着円盤において特筆すべき特徴は，エネルギー解放の効率である．すなわち，いままでにも出てきたように，ブラックホールの場合は重力ポテンシャルが非常に深いので，重力エネルギーの解放効率も段違いに大きく，静止質量エネルギーの5.7％（シュバルツシルト・ブラックホール）から42％（極限カー・ブラックホール）にものぼる．その結果，ブラックホールの周辺の降着円盤は，宇宙の中で最も高エネルギーな現象を起こすことになるのだ．

数式コーナー

標準降着円盤の基本諸量

 質量Mの天体の周辺を,ほぼケプラー回転しながら,質量降着率Nでアクリーションしている標準降着円盤について,その基本的性質を式で表しておこう.

 まず,回転角速度Ωは,中心からの距離rの関数として,

$$\Omega = \sqrt{\frac{GM}{r^3}}$$

で与えられる(ケプラー回転).

 降着円盤の表面温度Tは以下のように求められる.まず差動回転に伴う摩擦による加熱の割合が,中心からの距離rの関数として決まる(加熱率は,質量Mとガス降着率Nにも比例する).一方,降着円盤の表面が黒体放射をしているとすると,ステファン・ボルツマンの法則から,表面から放射される放射エネルギーの割合はσT^4であり(σはステファン・ボルツマンの定数),降着円盤の両面から放射されるエネルギーは$2\sigma T^4$となる.摩擦による加熱率と,放射による冷却率が等しいと置き,表面温度Tとして,最終的に,

$$T = \left[\frac{3GMN}{8\pi\sigma r^3}\left(1 - \sqrt{\frac{r_{\rm in}}{r}}\right)\right]^{1/4}$$

が得られる.なお,ブラックホール近傍では重力が強すぎて回転運動を維持できなくなるため(最終安定円軌道;前著6章参照),降着円盤には内縁が存在する.上の$r_{\rm in}$はその内縁の半径である(シュバルツシルト・ブラックホールの場合,内縁の半径はシュバルツシルト半径の3倍になる).

 さらに降着円盤の光度Lは,降着円盤の両面から単位面積あたりに放射されるエネルギー$2\sigma T^4$を降着円盤全面にわたって積分して得られる:

$$L = \int_{r_{\rm in}}^{\infty} 2\sigma T^4 \cdot 2\pi r dr = \frac{GMN}{2r_{\rm in}}$$

例えばクェーサーの場合,この光度の式に典型的な値($M=1$億太陽質量,$N=1$太陽質量／年,$r_{\rm in}=6$天文単位)を入れると,$L\sim 10^{39}$W となり,観測されるクェーサーの光度(明るいもので10^{40}W)をだいたい説明できる.

2.3 円盤状アクリーション

3) 超円盤

　球対称のボンディ降着においても，ガスが落下する割合（質量降着率）を大きくしていくと，輻射捕捉のような極限現象が出現した．では，降着円盤の場合はどうだろうか？　そう，ガスが回転しながらアクリーションする降着円盤の場合にも，降着率が大きくなると状況がかなり変わってくるのだ．

　そもそも標準降着円盤のさまざまな仮定は，ガスの降着率が（エディントン光度に対応する）臨界降着率よりも小さいという条件のもとでのみ成り立つ．逆に言えば，降着率が臨界降着率を超えれば，標準降着円盤モデルは破綻する．ガスの降着率は外部の環境によって決まるものなので，降着率が臨界降着率を超えないという保証はどこにもない．実際，一部のX線星や活動銀河では，臨界降着率よりも大量にガスが降着していると考えられている．

　そのような，臨界降着率を大きく上回る量でガスが降り積もったときに，降着円盤はどうなるかについては，20年にも及ぶ長く紆余曲折した物語があるのだが，今日では，ガスは，ブラックホールへの落下と回転と放射を同時に行っているだろうと考えられている．すべてのプロセスが同時に起こっているために，解析が難しかったのである．標準降着円盤に対して，ガス降着率が非常に大きな降着円盤を，optically-thick advection dominated accretion disk（ADAF）とか，その直訳で「光学的に厚い移流優勢降着円盤」などと呼ぶが，英語にせよ日本語にせよ，舌を噛みそうな長い名前だ．そこで僕自身は，降着率が臨界降着率を超えているという物理的な理由から，「超臨界降着円盤」あるいは略して「超円盤」という名称を提唱している．まぁ，なかなか定着しないが（笑）．閑話休題．

　ともあれ，そのような"超円盤"の性質をかいつまんで述べておこう．

　まず超円盤の形状だが，標準降着円盤は幾何学的に薄かったが，ガスの降着率が"超"が付くほどに大きいことからも予想できるように，超円盤の形状は，幾何学的にも厚くなる．平たい星と言うよりは，厚ぼったいパンケーキ状ないしはドーナツ状になる（図2・21）．幾何学的に薄い標準円盤では，どの方向から見ても必ず中心部（中心の天体）を見ることができるが，超円盤では，斜めから見ると縁の厚みに隠されて中心部が見えないこともある．

CHAPTER2 宇宙アクリーション天体

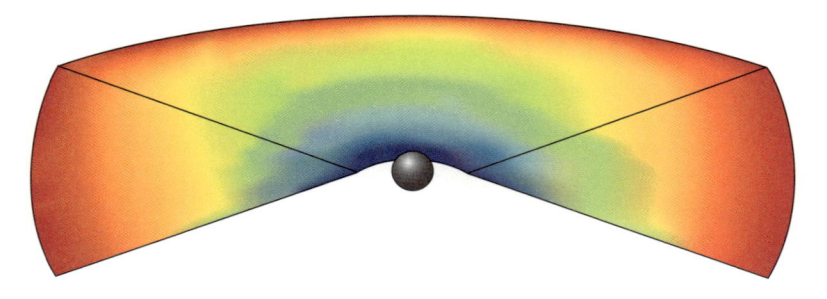

図2・21 超円盤の形状.

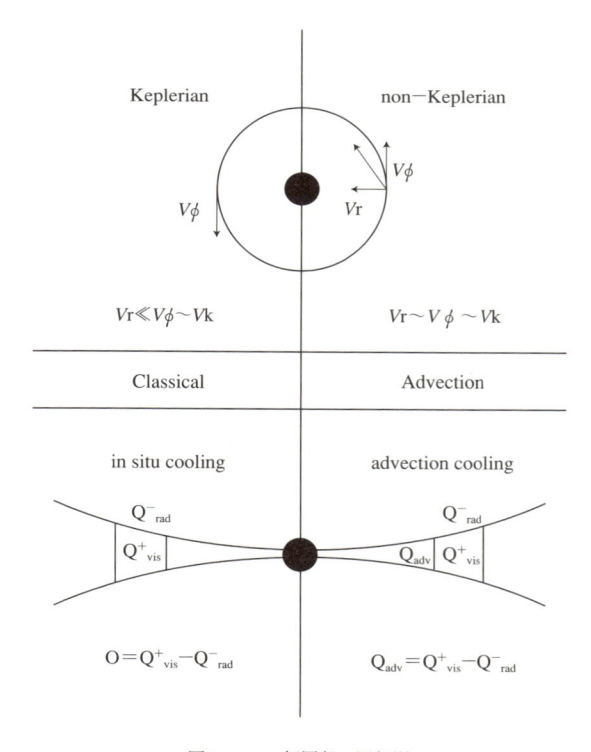

図2・22 超円盤の回転則.

2.3 円盤状アクリーション

標準円盤では，回転の仕方はほとんどケプラー回転で動径落下速度は非常に小さいが，超円盤では，回転速度はケプラー速度よりも小さい一方で，動径落下速度は回転速度と同じくらいの大きさがある（図2・22）．すなわち，超円盤では，ガスは，激しく回転しながら，かつ，動的に落下している．

また，標準円盤の表面温度は，中心から周辺に行くにつれて，ほぼ半径の -0.75 乗で減少するが，超円盤の表面温度分布はより緩やかで，半径の -0.5 乗ぐらいで減少する（図2・23）．

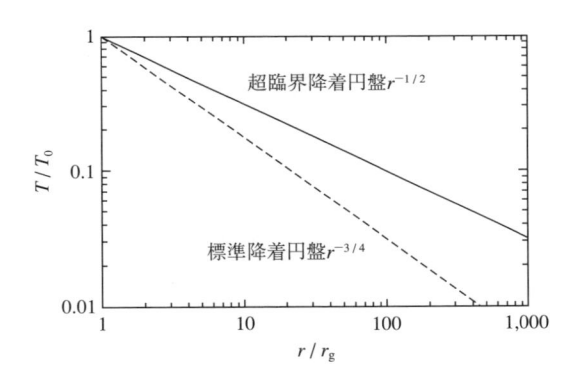

図2・23 超円盤の温度分布．
横軸はシュバルツシルト半径を単位とした中心からの距離，縦軸は中心近傍での温度を単位とした温度（共に対数表示）．中心付近の細かい温度構造は無視してある．

表面温度分布の違いはスペクトルに直接反映する．すなわち，表面温度分布が急な標準円盤のスペクトルは強いピークをもつものだったが，表面温度分布がより緩やかな超円盤の放射スペクトルは比較的平坦なものになる（図2・24）．これは，光子がガスに捕らわれたままブラックホールに吸い込まれてしまう輻射捕捉の効果も働いているためだ．

CHAPTER2　宇宙アクリーション天体

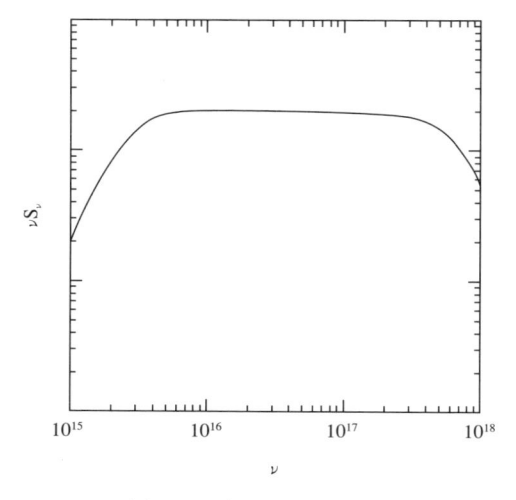

図2・24　超円盤のスペクトル.
横軸は放射スペクトルの振動数, 縦軸は光の強さと振動数の積 (共に対数表示).

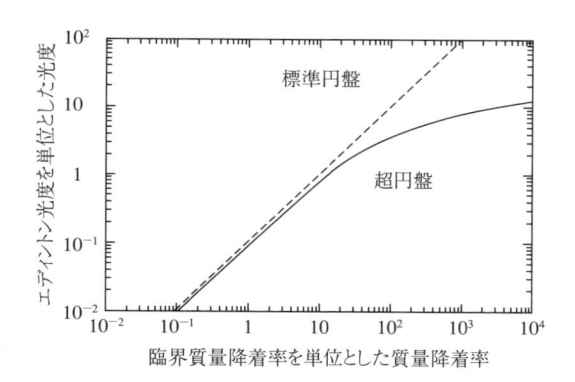

図2・25　超円盤の光度.
質量降着率が増加したときの光度の変化で, 数値計算に基づいた近似関係を示す (効率は0.1とした). 標準降着円盤 (破線) では, 円盤の光度は質量降着率に比例するが, 質量降着率が大きい領域では成り立たない. 超円盤 (実線) では, 質量降着率が小さな領域では標準円盤に一致し, 質量降着率が大きくなると標準円盤の仮定で見積った光度よりも小さくなることがわかる.

2.3　円盤状アクリーション

　超円盤の場合も，輻射捕捉の効果が働く．すなわち円盤ガスは回転運動をしていると同時にブラックホールへ向けて落下運動をしているので，輻射の一部は円盤表面から逃げ出すことができるが，一部は円盤ガスに捕捉されたままブラックホールに吸い込まれてしまう．降着するガスの量が増えれば，捕捉される輻射の割合も大きくなる．その結果，ブラックホールへ向けてガスがいくらでも落とせるが，輻射捕捉のために出てくるのはエディントン程度に抑えられるのだ（図2・25）．ただし，円盤ガスが回転していてガスの角運動量があるために，単純な球対称アクリーションとは異なって，円盤全体の光度はエディントン光度を少し超えることができる．

　これらの超円盤や輻射捕捉に関わる問題は，降着円盤の分野では現在ホットな話題で，若手の研究者を中心にさまざまな研究が進められている．

● COLUMN 1 ●

ブラックホールの見つけ方　その２／エネルギー放射

　宇宙を彷徨うブラックホールを見つける２番目の方法として，ブラックホール（？）からのＸ線放射を探知する方法がある．宇宙空間といえども完全な真空ではない．銀河系宇宙の平均的な空間では，１立方 cm あたり１個程度の（水素）原子が存在している．そして，星間ガス中を運動するブラックホールは，その重力によって進路上の星間のガスを吸い込むことができる．ブラックホール自体は光らないが，吸い込まれたガスが高温になって光りだすのだ．この過程は「ホイル＝リットルトン降着」と呼ばれていて，よく調べられている（5章で述べる）．そして，ブラックホールが吸い込んだガスの輝き具合は，ブラックホールの質量の２乗に比例し，星間ガスの密度に比例し，そしてブラックホールの速度の３乗に反比例することが知られている．

　具体的に，数値を見積ってみよう．例えば，太陽の１０倍の質量のブラックホールが，水素原子が１個／立方 cm の密度の星間ガス中を，毎秒１０km の速度で動いているとする．またブラックホールに吸い込まれたガスは，アインシュタインの式に従って，その質量に等価なエネルギーをもつが（「静止質量エネルギー」），その１割が光に変換されると仮定する（これは悪い仮定ではない）．

　上の状況のもとでは，ブラックホールは，半径約１８０天文単位の宙域から，毎秒３７０億 kg の割合でガスを吸い込み，その結果，（ブラックホールのまわりのガスは）なんと太陽の明るさの０．８７倍くらいの明るさで輝くのだ．しかもガスは非常に高温になるため，強いＸ線を放射するだろう．

　というわけで，ブラックホールに落下しつつある星間ガスからの高エネルギーＸ線を検出するのは有望だ．しかし星間ガスの密度が小さい領域やブラックホールが高速で動いているときは，あまりＸ線を出していない場合もある．

　ブラックホールが星間ガスに対して静止していると，本文で述べたボンヂ降着になるが，その場合も，同じくらい明るく輝く．

● COLUMN 2 ●

ブラックホールのシルエット　光る衣を撮る

　時空の裂け目ブラックホール．古今東西，何人もの挑戦者がその姿をフォーカスしようと試みたが，単独のブラックホールの写真を撮ろうとしても，真っ黒く写るのが関の山だったろう．光でさえ出てこられないブラックホールを見ることは確かに難しい．これは黒い顔が闇夜に溶けるのと同じである．しかし闇夜の顔も背後から照明で照らせば，シルエットは見られるだろう．さらにひょっとすれば，顔の輪郭から誰だか見分けぐらいつくかもしれない．ブラックホールの写真も同じようにして撮れないだろうか？

　幸いなことに宇宙に存在するブラックホールは，しばしば光る衣-高温のプラズマガス-をまとっている．しかもそのガスはブラックホールのまわりを回転して円盤状になっている．周囲のこの光り輝くガス円盤－降着円盤－の写真を撮ることにより，ブラックホールの存在も露わになるだろう．以上のような推測に基づき，ガス降着円盤をまとったブラックホール周辺の写真を撮影したのが，図2・26だ．

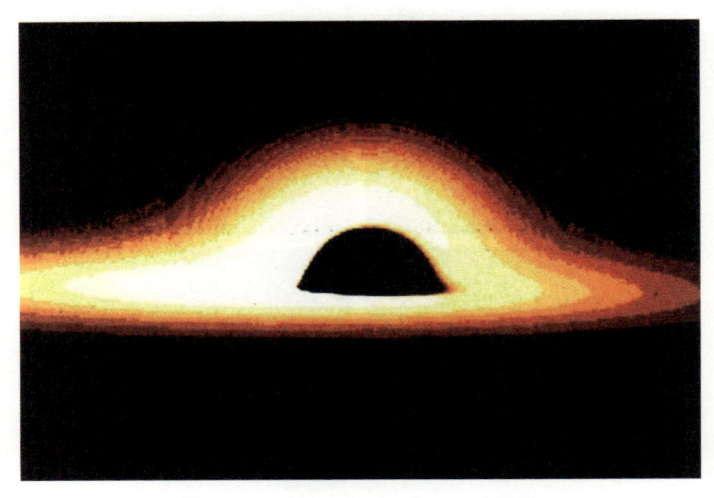

図2・26　ブラックホールのシルエット写真．

CHAPTER2 宇宙アクリーション天体

　図2・26では，中心には自転していない球状のシュバツルシルト・ブラックホールを置いた．また写真に写る被写体である，ブラックホール周辺のガス降着円盤は，非常に薄い標準降着円盤とした．さらに円盤の中心には，ブラックホールの半径の3倍の半径をもつ円形の穴が開いている．これはブラックホールの近くでは，ブラックホールのきわめて強い重力のためにガスが吸い込まれて，円盤状では存在できなくなるからだ．円盤のガスの温度は，写真うつりがいいように中心付近で1万度とした．円盤の周辺に行くほどガスの温度は低くなっている．このようなブラックホール＋ガス降着円盤に対して，撮影者は，ブラックホールの半径の1万倍の距離で，円盤の面から角度10°の場所に陣取っている．最後に円盤は，撮影者から見て反時計回りの方向に回っている．

　もし相対論的効果がまったくなければ（要するに普通の感覚では），斜め上から10°の角度で見下ろすと，円盤は図2・27左下のように見えるだろう．ガスの温度が高い中心部ほど明るく，しかも中心に開いたブラックホールの半径の3倍の半径の穴は，斜めから見ているために横に平べったい楕円に見えるはずだ．ところが実際に得られたのは，右下のような奇っ怪な姿だった．それなりの理由が2つある（図2・28）．

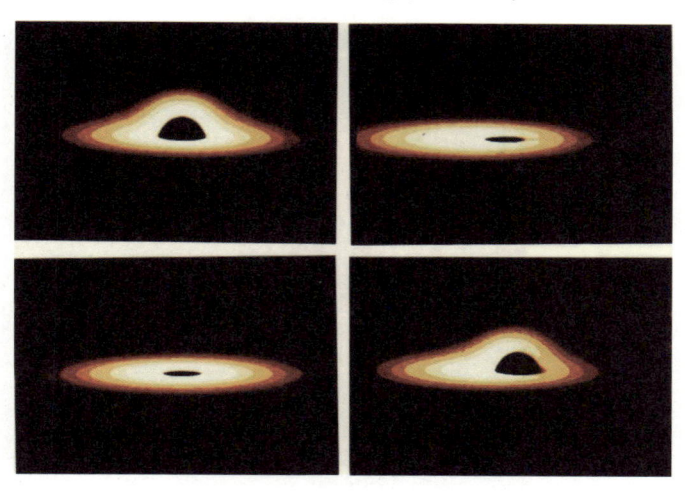

図2・27　いろいろな相対論的効果．

ブラックホールのシルエット

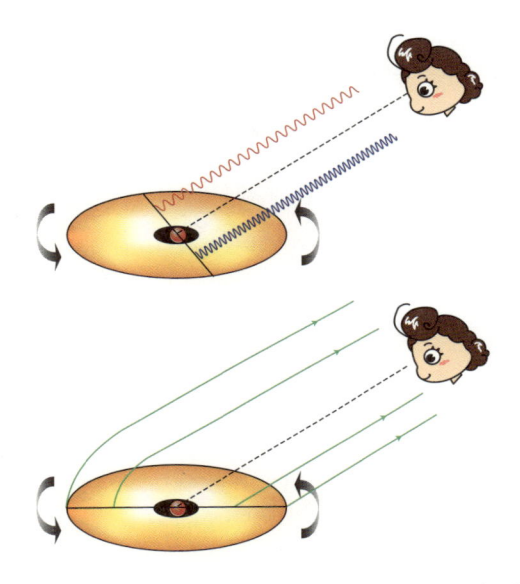

図2・28 特殊相対論的ドップラー効果（上）と一般相対論的な光線の曲がり（下）．

　円盤は左右にも上下にも歪んでいるが，左右の非対称性は，特殊相対論的なドップラー効果が原因である．もしブラックホールはないとしてガスの円盤の回転だけを考えると，図2・27右上のような像が得られるだろう．右上の写真の左側が明るいのは，図2・28上に示したように，円盤に向かって左側が撮影者に近づくように回っているので，そこから放射された光は波長が短く青い方にドップラー偏移して，同時にエネルギーが高くなったためである．逆に右側からの光は，波長が長く赤い方に偏移して暗くなる．とくにブラックホール周辺では円盤は光速に近い超スピードで回転しており，ドップラー効果の影響が非常に強く現れる．

　一方，上下の非対称性の原因はブラックホールの強い重力場にある．すなわちブラックホールの近くでは，そのあまりにも強大な重力のために光線が曲がるのだ．例えば，もしブラックホールのみを置くと，図2・27左上のようになるだろう（円盤の回転は考えない）．ガス円盤の手前側（写真では下側）から出た光は，ほぼ一直線に進んで撮影者に届くが，向こう側（写真では上側）から来る光は，ブラックホールの近くを通ってくるために

その経路が大きく曲がる（図2・28下参照）．その結果，円盤の上半分が浮き上がって見えるのである．また横に細長い楕円状になるかと思われた円盤の中心の穴も，この歪みのために饅頭のように盛り上がって見えている．

　実際は，円盤の回転によるドップラー効果と，重力場中での光線の曲がりの影響が合わさって，シルエット写真のように見えるのである．結局，異様に歪んだガス円盤の像は，ブラックホールによって歪められた時空のシルエットだったのだ．

CHAPTER 3
宇宙ジェット天体

　ブラックホールは無限の胃袋をもっているので，時間さえかければ，物質であれエネルギーであれ，すべて喰い尽くすことができる．しかし，ブラックホールの"口"の大きさ，すなわち表面積は有限なので，一時に吸い込める量には限りがある．あまりに大量の物質が落ちてきて喰いきれないときには，落下した物質のエネルギー解放を利用して，物質やエネルギーを吐き出すことになる．その現れ方の1つが，宇宙ジェットである．本章では，ブラックホール近傍から激しく物質が吹き出す宇宙ジェット現象について，観測的事実，相対論的効果が発現している超光速現象，そして亜光速のジェットを形成するメカニズムなどを説明しよう．

3.1　宇宙ジェット現象の観測

　この数十年の間，宇宙望遠鏡や大口径地上望遠鏡の完成，大型電波干渉計システムや高精度ミリ波望遠鏡の稼働，さらにはさまざまなX線天文衛星の

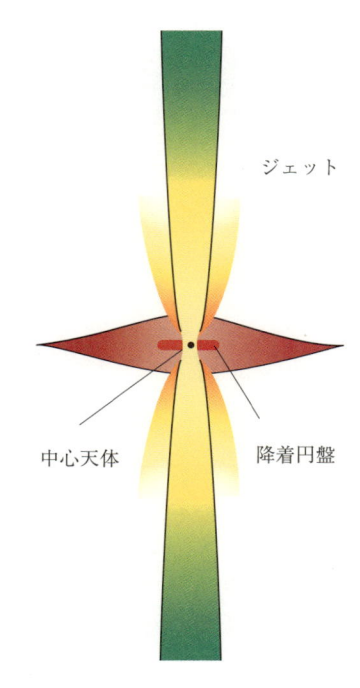

図3・1　宇宙ジェット天体．

CHAPTER3　宇宙ジェット天体

軌道投入など，観測技術の進歩に歩調を合わせて，宇宙ジェットと呼ばれる新しいタイプの天体現象が明らかになってきた．

「宇宙ジェット」とは，中心の天体システムから双方向に吹き出している，細く絞られたプラズマの噴流である（図3・1）．その中心には，原始星・白色矮星・中性子星・ブラックホールなど重力を及ぼす天体が存在し，中心天体のまわりにはガスでできた降着円盤が渦巻いていると推測されている．宇宙ジェット天体としては，100万光年もの長さにわたって銀河間の虚空に伸びる「活動銀河ジェット」，ブラックホール近傍から噴出し亜光速で星間空間を切り裂く「系内ジェット」，そして生まれたばかりの星から双方向に流れ出す「原始星ジェット」などが知られている（表3・1）．

表3・1　宇宙ジェットの類別

物理量	活動銀河ジェット	系内ジェット	原始星ジェット
母天体	活動銀河中心核	近接連星系	原始星
中心天体	超巨大BH	コンパクト星	原始星
サイズ	数光年〜数百万光年	数光年	数光年
速度	$\leq c$	$\leq c$	数十〜数百km／s
成分	水素プラズマ	水素プラズマ	水素ガス
	電子陽電子対プラズマ	電子陽電子対プラズマ	
例	クェーサー3C273	特異星SS433	分子流L1551
	電波銀河M87	さそり座X-1	分子雲オリオンA
	電波銀河はくちょう座A	みずがめ座R星	おうし座T型星

1) 活動銀河ジェット

宇宙ジェットは，歴史的には，クェーサーや電波銀河など活動銀河に付随して発見された．最初の発見はかなり古く，1918年にリック天文台のカーティス（H.D. Curtis）が，おとめ座銀河団の中心に位置する巨大楕円銀河M87の光学ジェットを見つけている（図3・2）．そして第2次世界大戦後に電波干渉計が発明されて，1950年代に「電波ローブ」（2つ目玉電波源）が発見された．さらに大型電波干渉計VLAが稼働した1970年代末頃から，銀河の中心と電波ローブを結ぶ「電波ビーム（ジェット）」が続々発見され，超長基線干渉計VLBIによる中心の「コンパクト電波源」の観測とあわせて，ジェットの全体

3.1 宇宙ジェット現象の観測

像が明らかになってきた．これら活動銀河中心核からの宇宙ジェットを「活動銀河ジェット」（AGN jets）と呼ぼう．活動銀河ジェットの典型的な物理量を表3・2に示す．

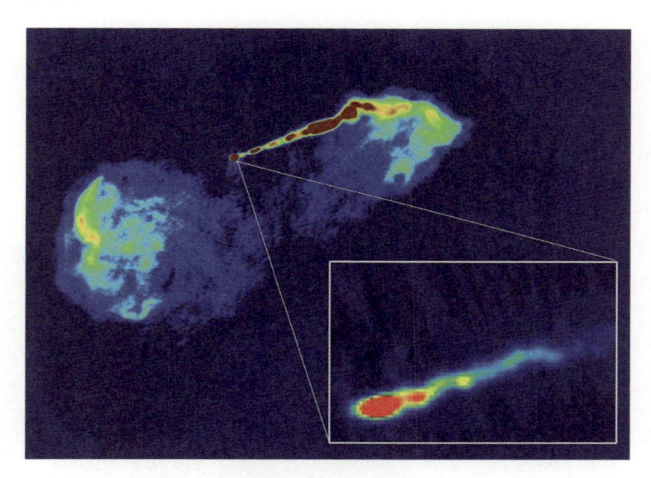

図3・2 電波でみた巨大楕円銀河M87のジェット（JAXA/ISAS）．

表3・2 活動銀河ジェットの典型的な物理量

物理量	電波ローブ	電波ビーム	コンパクト電波源
角サイズ	分角〜度	数分角	数ミリ秒角
実サイズ	数万光年〜百万光年	数千光年〜百万光年	数光年
速度	?	数百km／s	亜光速
特徴	コアハロ構造	歳差？	超光速現象

2）系内ジェット

銀河系内では，電波観測によって，さそり座X-1（Sco X-1）やみずがめ座R星（R Aqr）などでジェットが発見されていたが（1970年頃），1978年に発見された特異輝線星SS433の詳細な解析によって，一挙に観測的・物理的な理解が進んだ（図3・3）．また最近では，活動銀河ジェットで知られていた超光速現象が系内のジェット天体でも見つかったり，かに星雲の中心のかにパル

CHAPTER3 宇宙ジェット天体

サーからのジェットが発見されるなど，話題にも事欠かない．これらの例では，中心の天体は中性子星あるいはブラックホールを含む近接連星系で（かにパルサーは例外），ジェットの速度は（上限を光速として）かなり高速である．一方，激変星や超軟X線源など，白色矮星を含む近接連星系からも，3000km／sから5000km／s（白色矮星の脱出速度程度）ぐらいの速度のジェットが何例も見つかっている．これら，銀河系内のコンパクト星を含む近接連星系から噴出するジェットを「系内ジェット」（galactic jets）と呼ぼう．系内ジェットの具体例を表3・3に示す．

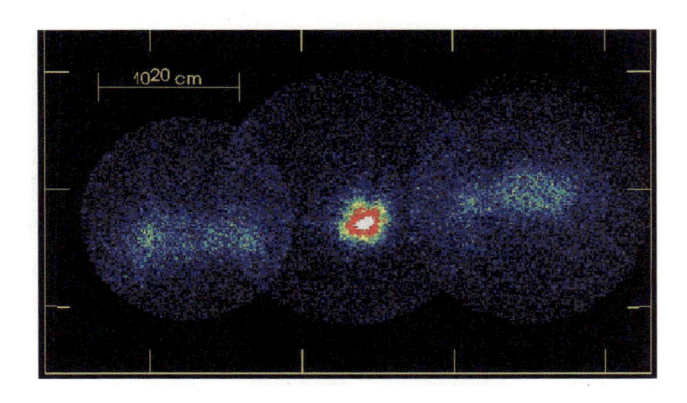

図3・3 X線でみた特異星SS433の亜光速ジェット（JAXA/ISAS）．

系内ジェットは，距離が近いために詳細な観測が可能である．実際，可視光や紫外線スペクトルの観測などから，ジェットの速度が求まっている天体も多い．とくに宇宙ジェットのプロトタイプである特異輝線星SS433のジェットや，超光速現象を示すいくつかのジェットでは，その速度が光速の26％から92％にも及ぶことが判明している．そのような亜光速のジェットを吹き出すためには，ジェットの中心天体としては，ブラックホールのような相対論的な天体が必要なのだ．

3.1 宇宙ジェット現象の観測

表3・3 系内ジェット天体

名前	距離	光度	速度	特徴	中心天体
RX J0513.9-6951	50kpc	10^{31}W	3800 km/s	超軟X線源	白色矮星
RX J0019.8＋2156	2	10^{30}	815 km/s	超軟X線源	白色矮星
Sco X-1	0.5	10^{30}		電波ジェット	中性子星
Cir X-1	6.5	10^{31}		電波ジェット	中性子星
Cyg X-3	8.5	10^{30}	$0.3c$		
SS 433	4.85	10^{32-33}	$0.26c$	歳差ジェット	BH ?
1E 1740.7-2942	8.5	10^{30}	$0.27c$?		BH ?
GRS 1915＋105	12.5	3×10^{31}	$0.92c$	超光速現象	BH ?
GRO J1655-40	4	10^{30-31}	$0.92c$	超光速現象	BH ?
GRS 1758-258	8.5	2×10^{30}			

kpc（キロパーセク）＝3260光年

3）原始星ジェット

　ミリ波領域での一酸化炭素COのスペクトル観測によって，1980年，テキサス大学のスネル（R.L. Snell）らが，おうし座の分子雲中に双極流天体L1551を発見した．この天体の中心には，原始星IRS5が存在しており，その原始星から双方向に，約1光年の長さで，約15km／sの速度の高速流が吹き出しているのだ．流れに含まれるガスの総質量は約0.3太陽質量と見積られている．さらにVLA高分解能電波観測で，L1551ジェットは中心部にきわめてコンパクトな（～100天文単位）電波ジェットをもつことがわかった（Cohen et al. 1982）．また野辺山45m電波望遠鏡を用いた一硫化炭素CSのスペクトル線観測によって，原始星ジェットと垂直方向に横たわる回転ガス円盤も発見された（N. Kaifu et al. 1984）．一方，光学観測によって，中心の赤外線源から原始星ジェットの方向に延びた光学ジェットも発見された（Strom et al. 1983）．この光学ジェットは，COジェットの数10分の1のサイズだが，数十倍も高速なのだ．そして最近の電波観測で明らかになったのが，高速中性風と呼ばれる100km／sぐらいの流れである（Edward et al. 1993）．生まれたばかりの若い

星からのジェットは，複雑な多重構造をしており，一括りにしにくいが，ここでは「原始星ジェット」（Young Stellar Object jets; YSO jets）と総称しておく（図3・4）.

図3・4 原始星ジェット（ハッブル宇宙望遠鏡）.

原始星ジェットは，星の誕生の初期の活動に伴って起こり，原始星とその周辺のガス円盤に密接に結び付いた現象であることは明らかだ．原始星ジェットには，ブラックホールは直接関係ないが，宇宙ジェットの全体像という観点からは原始星ジェットの形成機構にも注目したい．L1551やその他の観測から得られた原始星ジェットの典型的な物理量を，表3・4にまとめておく．

表3・4 原始星ジェットの典型的な物理量

物理量	分子ジェット	高速中性風	光学ジェット	電波ジェット
サイズR	0.1〜1光年	0.01光年	0.01光年	数百天文単位
速度V [km/s]	10〜150 km/s	〜100 km/s	100〜200 km/s	?
年齢R/V [年]	1万年	約1千年	約100年	?

3.2 宇宙ジェットの超光速現象

　宇宙ジェットは，中心天体（原始星・白色矮星・中性子星・ブラックホール）の近傍から双方向にガスが吹き出す現象だが，中心の天体の重力を振り切って飛び出すためには，ジェットの速度は必然的に中心天体の脱出速度ぐらいにならざるを得ない．したがって，中心の天体がブラックホールの場合には，ジェットの速度は必ず亜光速になる．そしてそのような亜光速ジェットでは，しばしば目に見える形で相対論的効果が表出しているのである．例えば，光速の有限性に伴うジェットパターンの見かけの歪み，高速運動に伴う時間の遅れ現象，高速運動に伴うエネルギーの増加現象，そして超光速現象などが観測されている．

1）超光速現象

　「超光速現象」とは，活動銀河中心核の構造の変化，とくに電波で明るく輝いている点の位置変化を追跡したとき，明るい点の見かけ上の速度が光速を大きく超えている現象である．超光速現象はとくに1980年代に入って，ぞくぞくと発見され，現在では何十例もの超光速現象が観測されている．

　図3・5はピアソンらがVLBIを用いて作成した，クェーサー3C273の中心部分の電波等高線図である．5つの異なった時期の電波地図が上から順に並べてあるが，クェーサーの中心（等高線の最も密な部分）から図の右下に，明るく光る雲（電波輝点）が飛び出しているように見える．仮にある種の運動だとしたときに，

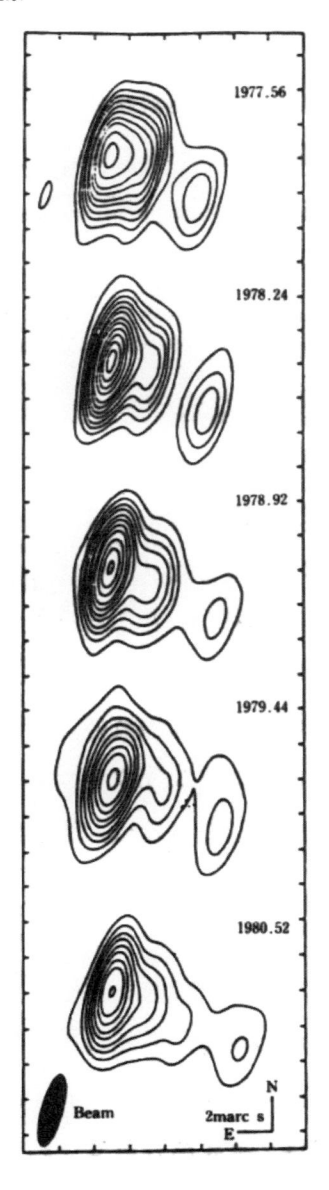

図3・5　クェーサー3C273中心核の電波観測（Pearson *et al.* 1981）．

電波輝点はどの程度の速度で動いているのだろうか？

そこで，クェーサーの中心と電波輝点の角距離を測定し，その時間変化をプロットしたのが図3・6である．この図から電波輝点は，見かけの上では，1年に約0.76ミリ秒角の割合で移動していることがわかる．クェーサー3C273（赤方偏移0.158）までの距離は約25億光年なので，見かけ上の1ミリ秒角は実距離に直せば約12.5光年くらいになる．この割合で換算すると，この例では，電波輝点の見かけ上の移動速度は，なんと光速の10倍にもなるのだ．

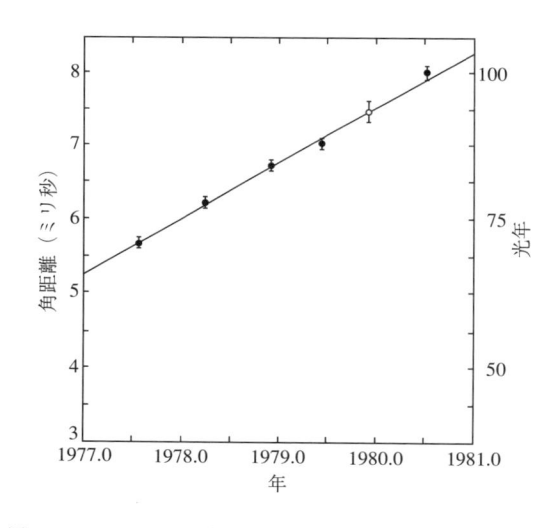

図3・6　3C273での電波輝点の位置変化（Pearson $et\ al.$ 1981）．

ごく最近になって，我々の銀河系内のコンパクト天体の周辺でも，活動銀河中心核で観測されてきたのと同様な超光速現象が見つかり始めた．1994年以来，X線源 GRS1915＋105 や GRO J1655-40 など数例発見されていて，「マイクロクェーサー」などとも呼ばれている．これら系内超光速現象も，コンパクト天体の周辺から吹き出す高速のプラズマジェットを観測しているのだと信じられている．とくに，これら系内の2天体については，いろいろな観測事実から導いたジェットの真の速度が，両方とも$0.92c$と一致している点が興味深い．ジェット加速のメカニズムと関連しているのかもしれない．

3.2 宇宙ジェットの超光速現象

2） 相対論的ビームモデル

　超光速現象のモデルとして現在信じられているのが,「相対論的ビームモデル」である（図3・7）．相対論的ビームモデルでは，中心天体から視線にほぼ沿った方向に，光速に近い速度で光る雲が飛び出すと考える．観測者がこの光る雲の運動をしばらく追跡していると，視線に平行方向の運動はわからないが，視線に垂直な方向には見かけ上ある距離だけ移動したように見えるだろう．

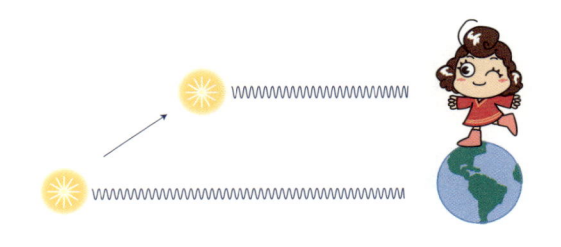

図3・7　相対論的ビームモデル．

　ところで見かけ上の速度を求めるためには，光る雲が移動するのに要した時間を測定する必要があるが，こいつが問題だ．すなわちその時間は，光る雲が飛び出した瞬間に発射された光が到達した時刻と，図の位置にきたときに発射された光が到達した時刻の差で与えられるが，実はその間に光る雲そのものが光速に近い速度で移動している．そのため時間差が非常に小さくなり，結局，見かけ上の移動距離を時間差で割った見かけ上の速度が光速を超えるようなことが起こるのである．

　相対論的ビームモデルは多くの観測事実をよく説明できる．ただし視線となす角度が十分小さくなければ，見かけ上の速度が光速を超えない．図3・8に視線となす角度θの関数として見かけ上の速度を表してみた．いくつかの曲線は，それぞれ光る雲の真の速度を変えた場合のものである．例えば光速の9割の速度で飛び出した場合，視線となす角度が20°から30°くらいで，見かけ上の速度が光速の2倍程度になる．3C273のように見かけ上の速度が光速の10倍にもなるには，真の速度もかなり光速に近くなければならない．

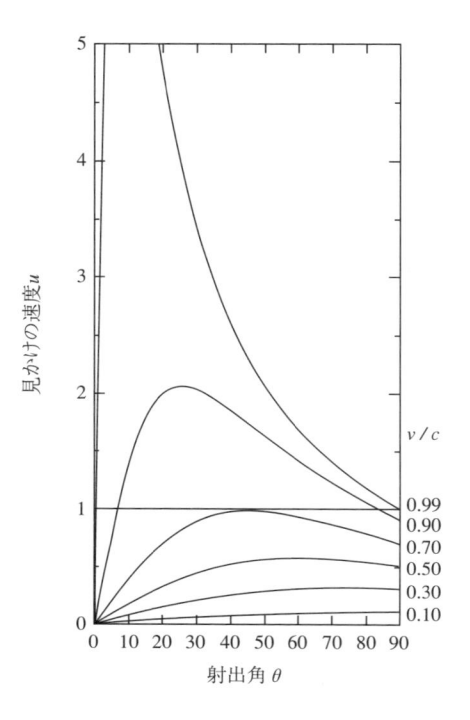

図3・8 ジェットの見かけの速度.

3) ドップラーブースト

　宇宙ジェットはたいてい中心核から2つの方向に出ているのだが，クェーサー3C273を初めとして，超光速現象が観測される例では，しばしば片側のジェットしか見えない．その原因の1つとして，ジェットは確かに中心核から双方向に出ているのだが，まさに相対論的な効果によって片方のジェットしか観測されないためらしい．

　この問題に対しては，2つの特殊相対論的効果が絡んでくる．1つは光行差効果だ．これは，光源が光速に近い速度で動いているときに，光束が進行方向前方に集中する効果だ．例えば光源と一緒に動いている観測者から見て，光が等方的に放射されているとしても，静止した観測者から見れば，光は光源と共に移動しているように見え，結果として，光束は前方へ集中するのである．

3.2 宇宙ジェットの超光速現象

ただでさえ光の出方が前方に集中しているのに，それに加えてドップラー効果が作用する．すなわち光源が観測者に近づくように運動していると，いわゆる特殊相対論的なドップラー効果によって光の波長が青方偏移する．光のエネルギーは振動数に比例しているので，青方偏移によって光の波長が短くなり，したがって振動数が増えれば（波長と振動数の積は光速で一定），光のエネルギーも増加する．すなわち明るくなる．これが「ドップラーブースト（増幅）」だ．逆に赤方偏移して波長が伸び振動数が減れば，光のエネルギーも低くなり暗くなる．このドップラーブーストによって観測者に向かって飛び出したジェットは明るくなり，超光速で運動する輝点として見えるが，観測者から遠ざかる方向に飛び出したジェットは暗くなって観測にかからなくなるのだろう．

以上述べたことから，真の速度および飛び出す方向に対する制限を付けることは可能だ．一例として活動銀河NGC6251の場合を図3・9に示す．このNGC6251の場合，見かけ上の速度は光速の4割ほどで超光速になっているわけではないが，理屈は一緒だ．

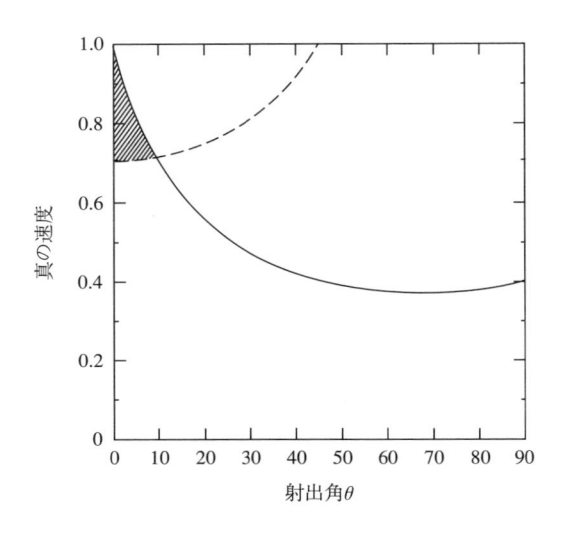

図3・9 ドップラー増幅の制限．

図3・9の横軸はジェットの飛び出す方向と視線のなす角θ，縦軸はジェットの真の速度vである．まず図の実線は，見かけ上の速度が0.4光速であるという事実からくる制限で，この条件を満足するには，真の速度と飛び出す方向の組み合せが実線より下の領域に来なければならない．さらにNGC6251でも片側のジェットしか見えていないのだが，もし2方向にジェットが出ているとしたら少なくとも近づいている方のジェットは遠ざかっている方より80倍は明るくないといけないことがわかっている（そうでなければ，遠ざかっている方のジェットも観測できるはずなのだ）．図の破線より上が，この条件を満足する領域である．結局，以上の条件を共に満足するのは，図の左上の狭い領域だけで，NGC6251の場合，真の速度は光速の0.7倍以上，飛び出した方向と視線のなす角度は10°以内という制限が課せられるのだ．

数式コーナー

相対論的ビームモデル

超光速運動は，光の速度が有限であるという性質だけで簡単な幾何学を使って説明できる．

図3・10の点Oをクェーサーの明るい中心核として，そこから明るい点Pが（光速より小さな）真の速度vで飛び出したとしよう．中心核から離れた点Eで観測している観測者の方向と点Pの飛び出した方向のなす角をθとする．点Oと点Eの間の距離をd，OP間の距離をr，さらにPからOEに下ろした垂線とOEとの交点をQとして，OQをx，QPをyとする．

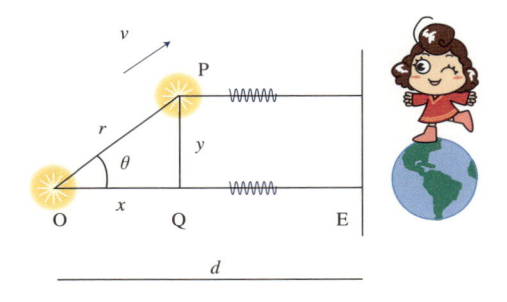

図3・10 ビームモデルの幾何学．

さて中心核Oから点Pが飛び出した時刻を$t=0$とすると，その瞬間にOから発した光が点Eに届く時刻t_1は，距離dを光速cで割って，

$$t_1 = d/c$$

となる．一方$t=0$から計って，輝点Pから発した光が点Eに届く時刻t_2は，物体PがOから点Pまでr動くのに要する時間（r/v）と，光が点Pと点E間を進むのに要する時間 $[(d-x)/c]$ の和になる．すなわち，

$$t_2 = r/v + (d - r\cos\theta)/c$$

となる．ただし$x = r\cos\theta$を用いた．

地球の観測者は，時刻t_1と時刻t_2の間に，輝点PがQPの距離y（$= r\sin\theta$）だけ移動したように見える．見かけの速度uは，最終的に，

$$u = \frac{y}{t_2 - t_1} = \frac{v\sin\theta}{1 - (v/c)\cos\theta}$$

と表すことができる．

この式を使い，真の速度vを与えて，飛び出した方向θと見かけの速度uの関係をグラフにしたのが図3・8である．

3.3 宇宙ジェットのモデル

観測的な事実から,細かいことは別にして,ジェットの加速機構,収束機構,そしてエネルギー源に対して,いくつかの制約が課せられる.

(1) 収束

まず宇宙ジェットで重要な問題となるのは,その細長い形状である.これをいかにして説明するかという点はモデルの要となる.ただし,原始星ジェットと他のジェットでは収束の程度がかなり異なる.したがってその収束機構も違うのかも知れない.

(2) 加速

SS433 ジェットでは,ジェットの速度は光速の4分の1もあるし,系内超光速天体のジェットでは0.92光速もある.これらのジェットでは,中心の天体がブラックホールなどの相対論的な天体であることが要請される.そしてジェットの加速は中心天体のごく近傍で起こっていると考えられる.いままで測定されたり推定されたりした範囲内では,ブラックホール周辺から吹き出す亜光速ジェットの速度には3つぐらいのタイプがあるようだ(表3・5).

表3・5 亜光速宇宙ジェットの速度カテゴリー

カテゴリー	速度	ローレンツ因子	具体例
弱相対論的	$0.26c$	1.036	SS433 ジェット
強相対論的	$0.92c$	2.55	系内 GRS 1915+105,GRO J1655-40
超相対論的	$0.995c$	10ぐらい	活動銀河ジェットなど

上から,mildly relativistic,highly relativistic,ultra relativistic

3.3 宇宙ジェットのモデル

（3）エネルギー源

　宇宙ジェットのエネルギー源に重力エネルギーが関与していることは確実である．すなわち宇宙ジェットの中心には重力天体が存在していて，それが重力発電所あるいは重力転換炉として作用している．中心天体は，周辺領域から燃料ガスの供給を受けて，ガスの重力エネルギーを解放し，かつ同時に熱エネルギーあるいは輻射エネルギーあるいは電磁エネルギーなどに転換している．そしてその一部を排気ガス＝ジェットとして外界に放出しているのだ．このような機械的なイメージがおそらく正しい（図3・11）．

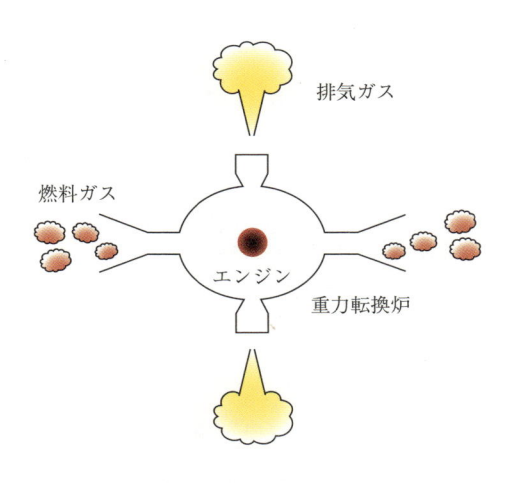

図3・11　宇宙ジェット中心の重力エネルギー転換炉．

　さて，いろいろな宇宙ジェットの観測が進むにつれ，実にさまざまなモデルが提案されてきた．ジェットの加速（駆動）機構は，中心天体の重力エネルギー転換炉の働き方によって，熱的なガスの圧力や放射圧（光の圧力）によるものと，磁場（や遠心力）の関与したものに大きく分けられる．また収束機構の方は，もともと等方的な流れが外的な環境によって収束される場合（外因説）と，降着円盤のような非対称な天体から噴出する場合とに分けられる．これらのうち，宇宙ジェットの起源を説明するモデルとして有望なのは，中心にある

CHAPTER3　宇宙ジェット天体

と思われている降着円盤を直接に利用するものだ．円盤形状は本来的に軸対称性をもつので，円盤の表面から放出されたガスが何らかの機構によって加速されれば，双方向の流れを形成することは難しくない．宇宙ジェットのモデルの2大潮流は，降着円盤の放射場によって加速する「放射圧加速モデル」と，降着円盤を貫く磁場によって加速する「磁気力加速モデル」だが，以下では，前者について，簡単に説明しよう．

1）放射圧加速の仕組み

降着円盤など中心の天体の放射する強烈な光の圧力によって，ジェットのプラズマガスを駆動するメカニズムが「放射圧加速」（輻射圧加速）である．その基本メカニズムは以下のようなものだ（図3・12）．

（a）放射圧による加速

中心の光源から大量の光が放射されているとき，大部分の光子は外向きの運

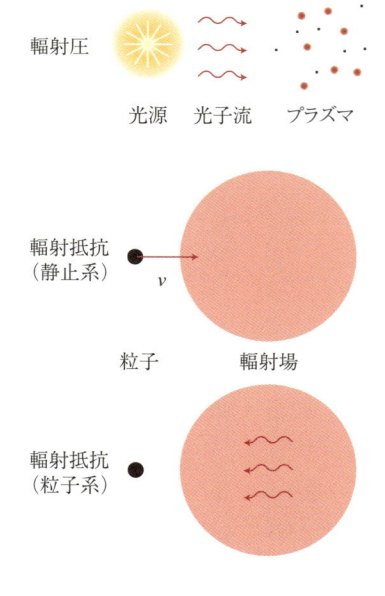

図3・12　放射圧と輻射抵抗．

3.3 宇宙ジェットのモデル

動量をもっているだろう（図3・12上）．そしてそれらの光の流れが，周辺のプラズマに当たってプラズマを加速する．すなわち中心の光源から放射された光子は，まずプラズマ中の電子に衝突して外向きに電子を押す．光子はもちろん陽子にも衝突するが，陽子は質量が大きいので光が衝突してもほとんど動かない．しかし電子が（光子によって）押されると，電子と陽子は正負の電荷によって引き合っているので，陽子も電子に引きずられて動く．結果的に，光子のもっていた外向きの運動量がプラズマに受け渡されて，プラズマは外向きに加速し始める．これが放射圧加速（輻射圧加速）の素過程である（2章のエディントン光度も参照）．

(b) 輻射抵抗

　放射の流れが全体として運動量をもっていようといまいとに関わらず，輻射（多数の光子）の存在自体によって，空間には輻射場のエネルギーが存在する．エネルギーは質量と等価であり慣性をもつので，輻射場の中を運動する粒子は，速度ベクトルとは反対方向に抵抗を受ける（図3・12中）．これは空気中で落下運動する雨滴に作用する空気抵抗のようなもので，一般的には「輻射抵抗」と呼ばれている．とくにプラズマの場合には，電子と光子の直接の衝突によって輻射抵抗が働き，電子と光子の衝突—散乱—をコンプトン散乱と呼ぶことから，輻射抵抗はしばしば「コンプトン抵抗」とも呼ばれる．この輻射抵抗は，プラズマなど抵抗を受ける粒子の大きさや速度が小さいときは，抵抗力の大きさが相対速度に比例する（亜光速領域では，もう少し複雑になる）．

　輻射場のエネルギーとか慣性がしっくりこないなら，座標系を変えて眺めて見るといいかもしれない．すなわち，光子に満ちた領域を粒子が運動しているとき（図3・12中），座標系を静止系（実験室系）から運動系（粒子系）に変換してみる（図3・12下）．そうすると，静止した粒子に向かって，（粒子の進行方向）前方から光子が全体として押し寄せてくることになるので，粒子は放射圧によって後方に押しやられることになる．そして運動系で後方に動くことは，もとの静止系で見れば，（抵抗によって）運動が減速されることに等しい．この座標系の変換という目で見れば，輻射抵抗の原因は，いわゆる「光行差」にほかならないことがわかる．

（c）最終速度の存在

さて空気中における雨滴の落下運動では，速度が大きくなると，やがては重力と空気抵抗が釣り合ってしまう．その結果，雨滴に働く力の総和が0になり，雨滴の落下速度は一定の速度になって落ち着く．このときの速度を，雨滴の「最終速度」とか「終末速度」とか言う（1mmのサイズの雨滴で秒速7mぐらいである）．では，光子からなる輻射場の場合はどうだろう？　輻射圧加速の場合にも，放射圧と輻射抵抗が釣り合うと，やはり最終速度が出現する．

すなわち，強い輻射場において，プラズマの振る舞いを静止系で観測したとき，プラズマは静止系での輻射圧で加速される一方で，静止系での輻射エネルギーのために抵抗を受ける．したがって，中心天体の重力が無視できる場合には，それらの力が釣り合った段階で，プラズマの速度が一定になる（このとき，粒子と共に動く共動系では，輻射場からのトータルな力は0になっている）．このときの速度が「最終速度」である．

なお，実際には中心天体の重力が働いている．中心天体の重力を考慮すると，プラズマの加速は抑えられるので，重力が無視できる場合に比べて最終速度は小さくなる．そこできちんと区別するためには，輻射場だけの釣り合いで決まる速度を「平衡速度」，重力など他の力まで考慮して決まる速度を「最終速度」と呼び分けることもある．

2）放射圧加速ジェットの計算例

光り輝く降着円盤から放射される光子は，降着円盤の上空に放射力の場を形作る．降着円盤表面の明るさ分布が一様ではないので，上空の放射場も空間的に非常に複雑なものになり，解析的に求めることはできないが，数値的には計算できる．中心天体の重力場と数値的に求めた降着円盤の放射場を使い，放射圧や輻射抵抗をきちんと考慮して，標準降着円盤から放射圧で駆動されるプラズマ風を計算した例を以下の図に示す（Hirai and Fukue 2001 より）．

図3・13に示したのは，降着円盤上空第一象限における放射場の成分の一部である．図の原点にブラックホールがあり，赤道面に降着円盤があって，図で示している範囲は，縦横共にシュバルツシルト半径の20倍の範囲である．放射場は，1つのエネルギー密度成分，3つの放射フラックス成分，6つの放射ストレス成分からなるテンソルで表されるのだが，図3・13には，そのうち，放

3.3 宇宙ジェットのモデル

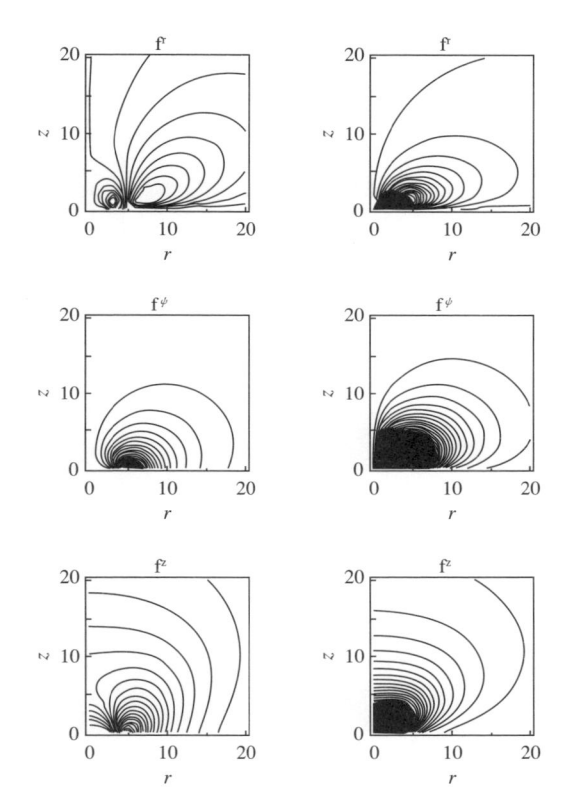

図3・13 標準降着円盤の放射場(放射圧成分のみ).
左側はシュバルツシルト・ホールに相当する場合で,右側は極限カー・ホールに相当する場合.

射フラックス成分だけ示してある.すなわち上から順に,粒子を半径方向に押す放射圧f_r,回転方向に押すf_ϕ,鉛直方向に押すf_zである.また左側の列はシュバルツシルト時空に相当する場合で,右側の列は極限カー時空に相当する場合である(ここで相当すると書いたのは,この計算では,時空の曲がりを少し近似して,また光線の曲がりなども近似しているためだ).いずれにせよ,降着円盤上空の輻射場が非常に複雑なことがわかるだろう.

図3・14に示したのは,降着円盤の放射圧によって,円盤表面から吹き出すガス粒子の流線の例である.降着円盤の光度はほぼエディントン光度で,左側がシュバルツシルト時空に相当する場合,右側が極限カー時空に相当する場

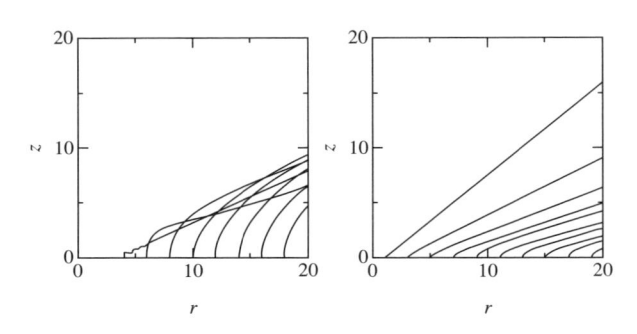

図3・14 標準円盤からの放射圧加速プラズマ風.
左側はシュバルツシルト・ホールに，右側は極限カー・ホールに相当する場合.

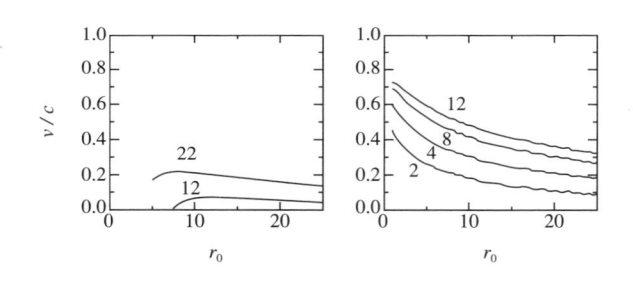

図3・15 プラズマ風の最終速度.
左側はシュバルツシルト・ホールに，右側は極限カー・ホールに相当する場合.

合だ．降着円盤自体から吹き出す放射圧加速風では，図のように，収束されたジェットにはなりにくい．

図3・15は，降着円盤の明るさを変えたときの，降着円盤上のある半径r_0から吹き出した風の最終速度である．曲線に付けられた数値の12のときに降着円盤の光度がほぼエディントン光度になる．左側がシュバルツシルト時空に相当する場合，右側が極限カー時空に相当する場合だ．降着円盤が十分明るければ，広い範囲で放射圧駆動風が吹くが，降着円盤の明るさが足りないと，

3.3 宇宙ジェットのモデル

当然ではあるが放射圧で風を吹かすことは難しい．

3）新世紀の宇宙ジェット

　放射圧加速のメカニズムは，基本的には明確でわかりやすいものである．したがって，その長所と問題点もはっきりしている．

　長所としては，まず明るく輝く降着円盤との相性が非常によい．すなわち，解放された重力エネルギーの一部がジェットの駆動に回されたと考えればエネルギー的に困らないし，そのプロセスに降着円盤の放射場が介在するのは非常に自然な状況である．標準円盤にせよ超円盤にせよ，降着円盤とジェットが容易に共存できるのがとても都合がよろしい．

　逆に問題点としては，
（1）放射は本来的に四方八方へ広がる性質があるので，降着円盤表面から吹く単純な風だと収束せずに広がってしまう．ジェットとして収束させるためには，何らかの仕掛けが必要である．
（2）輻射抵抗が存在するので，SS433天体のような弱相対論的なジェットの速度は出せるが，系内超光速現象などで見積もられている強相対論的な速度にまで通常プラズマを加速するのが難しい．
などがある．

　これらの問題点は，長年にわたり未解決のままなのだが，世紀も変わったことだし，そろそろブレークスルーも必要である．そこで，いくつかの可能性を指摘しておきたい．

　まず，後者の問題点，通常の放射圧加速では光速の数割ぐらいの速度までしか加速できないという問題点を解決する1つの可能性は，空間的な一様性とか時間的な定常性の仮定を変えることだろう．例えば，1つの状況として，ジェット流が空間的には一様でなく，図3・16のように複数の"光る平らな雲"からできているとしよう．光り輝く降着円盤直上の雲（No.1）は降着円盤自体の放射場で加速される．この雲は，相対論的な計算によれば，輻射抵抗のためにせいぜい0.45光速までしか加速できない．もしこのNo.1の雲が十分熱せられて自分自身も光り始めれば，そしてもしその上に別の雲（No.2）があれば，No.2の雲を加速できるかもしれない．このとき，No.2の雲は，No.1の雲に対して，0.45光速まで加速されるので，相対論的な速度の足し算から，降着円

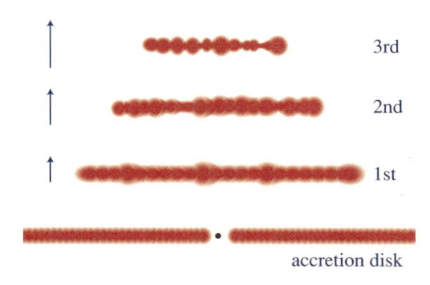

図3・16 多段式加速ジェットの状況.

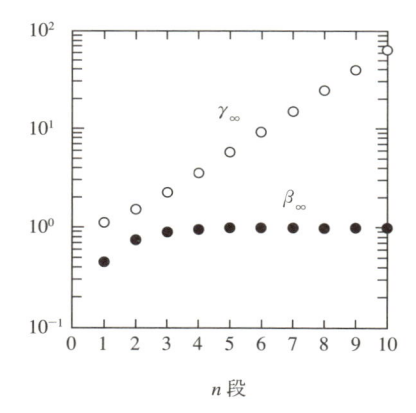

図3・17 n 段目における速度 β（$= v/c$）とローレンツ因子 γ.

盤に対しては，0.75 光速になっている．以下同様にして，降着円盤に対する雲の速度は，0.90 光速（No.3 の雲），0.96 光速（No.4 の雲），0.98 光速（No.5 の雲），0.99 光速（No.6 の雲），となり，たった6段階で超相対論的な速度にまで加速できるのだ（図3・17）．この方式は，多段式ロケットのようなイメージなので，"多段式加速モデル"と呼んでいる．

また前者の収束の問題に関しては，ジェットのガスが降着円盤から供給され，かつ，その円盤の放射場によって加速されると考える限り，あまり見通しはよくない．そこで，発想を変えて，降着円盤は全体が光っているわけではなく，ごく中心部分には高温で希薄なプラズマ領域があり，そこはあまり光っていないと仮定した（図3・18）．そして，ジェットのガスはその中心部分から供給

3.3 宇宙ジェットのモデル

されて，中心周辺の光り輝く降着円盤の放射場によって加速されると考えると，収束の難点が見事に解決されることがわかった（図3・19）．ただし，十分収束されるためには，ジェットのガスは電子陽電子対プラズマからなり，かつ，降着円盤の光度が限界近くである必要がある．また，そのときには，ジェットの最終速度は，系内超光速天体の$0.92c$程度になることもわかった．この，いわば"放射圧収束モデル"は，非常に単純で画期的なメカニズムだが，実際に機能するかどうかはこれからの課題だろう．

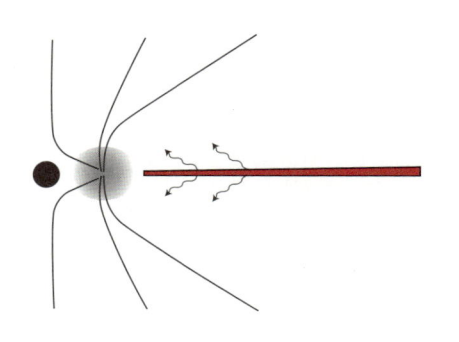

図3・18
放射圧収束加速モデルの状況．ブラックホールのごく近傍にはあまり光らない高温プラズマがあって（そこでは電子陽電子対プラズマが発生している），その周囲を光り輝く降着円盤が取り巻いている．

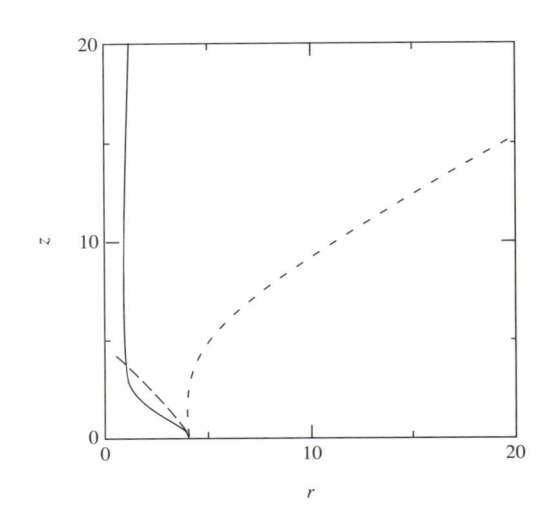

図3・19
放射圧収束ジェットの流線．4シュバルツシルト半径から吹き出した電子陽電子対プラズマの流線．放射の効果がなければ回転のために点線のように広がるが，放射の効果を輻射抵抗まで取り入れると，実線のように回転軸上に細く絞られた流れになる．

数式コーナー

マジックスピード

非常に単純な場合について，放射圧加速の最終速度を導いてみよう．

降着円盤を極度に単純化して無限に広がった平面だとみなし，しかも表面の温度 T がどこでも一様だと仮定しよう．このときは，一般にはテンソルになる放射場も単純化され，放射エネルギー密度 E，放射フラックス F，放射ストレス P だけになる．重力加速度を g とすると，質量 m で有効断面積 S の粒子（例えば電子）にかかる単位質量あたりの力は，

$$\text{単位質量あたりの力} = -g + (S/mc)(F - Ev - Pv)$$

と表される．右辺第1項が粒子にかかる重力，第2項が放射の力で，F は放射が粒子を押す力を，Ev と Pv は粒子の速度 v に比例する輻射抵抗であることを示している．

この右辺のトータルな力が0になるとしたときの速度が，

$$\text{最終速度}\, v = \frac{F - mcg/S}{E + P}$$

であり，さらに重力加速度を無視したときの速度が，

$$\text{平衡速度}\, v = \frac{F}{E + P}$$

である．

具体的には，無限に広がった降着円盤の表面が温度 T の黒体放射をしていると仮定すると，σ をステファン・ボルツマンの定数として，$E = (2/c)\sigma T^4$，$F = \sigma T^4$，$P = E/3$ となることがわかっており，平衡速度は，

$$\text{平衡速度}\, v = (3/8)c = 0.375c$$

になる．さらに，上の見積りでは無視した相対論的に高次の項まで考慮したより詳細な計算では，

$$\text{平衡速度}\, v = (4 - \sqrt{7})/3\, c = 0.4514c$$

になる（V. Icke 1988）．この $0.45c$ という速度は，"マジックスピード"と呼ばれている．

数式コーナー

多段式加速

多段式加速の描象では，ジェットは複数の雲からできていると仮定する．マジックスピードをv_m（$=0.4514c$），$n-1$段目の雲の速度をv_{n-1}としたとき，n段目の雲の速度v_nはいくらになるだろうか？

n段目の雲は$n-1$段目から見ればマジックスピードで動いているのだが，相対論的な速度の和なので，$v_n = v_\mathrm{m} + v_{n-1}$とはならず，

$$v_n = \frac{v_\mathrm{m} + v_{n-1}}{1 + v_\mathrm{m} v_{n-1}/c^2}$$

としないといけない．

上の式を用いて，n段目の雲の速度vとローレンツ因子γ（$=1/\sqrt{1-v^2}$）を順次求めていくと，

$v_1 = 0.4514c$	$\gamma_1 = 1.12$
$v_2 = 0.7500c$	$\gamma_2 = 1.51$
$v_3 = 0.8975c$	$\gamma_3 = 2.27$
$v_4 = 0.9600c$	$\gamma_4 = 3.57$
$v_5 = 0.9847c$	$\gamma_5 = 5.74$
$v_6 = 0.9942c$	$\gamma_6 = 9.30$
$v_7 = 0.9978c$	$\gamma_7 = 15.1$

のようになる．これをグラフにしたのが図3・16である．

ちなみに，nが十分大きくなると，

$$\gamma_\infty = 10^{(n-1)/5}$$

のように近似できる．

● COLUMN 3 ●

世紀末の宇宙ジェットと新世紀の宇宙ジェット

　宇宙ジェットのモデルについては，降着円盤のモデルと共に，長年にわたってアレコレこねくり回してきた．大学院以来だから，かれこれ20年にもなるだろう．ところで，このような研究を研究者のコミュニティーに発表する場としては，一般に学会や研究会，そして論文誌がある（最近ではインターネットも有用だ）．天文の分野では，日本天文学会というものがあって，年2回，春と秋に年会というものが開催され，またPublications of the Astronomical Society of Japan（日本天文学会欧文研究報告誌）と呼ばれる英文の学術誌が発行されている．年会に発表を申し込むときには，発表予定内容を簡単にまとめた予稿を提出しなければならない．ここでは，コラムに代えて，世紀末から新世紀にかけて発表した，宇宙ジェット関連の学会発表予稿を紹介してみよう．

□日本天文学会1999年秋季年会より
＝＝＝
「宇宙ジェットモデルの世紀末：多段階加速」
{福江 純（大教大教）}
輻射圧で駆動する宇宙ジェットの加速と収束について検討した結果を報告する．本講演では，ジェットの加速機構として，"空間的な非一様性"を考慮した，「多段階加速機構」を提案する．さて，よく知られているように（？），宇宙ジェットの加速において，輻射抵抗の問題，すなわち輻射抵抗のためにジェットの最終速度が頭打ちにされる問題は，かなりシビアである．ただし，最初に2点ほど注意を喚起しておきたいが，
・輻射抵抗の問題は輻射圧加速機構だけの問題だろうか？
　否！
　磁場派だから関係ないと思っているそこの貴方！
　他人事じゃないですよ．

輻射抵抗は磁気的加速にとっても大問題です．
・一方，誤解のないように念を押しておきたいが，輻射抵抗が（とくに）重要になるのはジェットの速度が光速に近いときである．すなわち，mildly relativistic jets（v～0.26c）は輻射圧で十分加速できる．厄介なのは，highly relativistic jets（v～0.92c）の加速である．

　従来の研究から，降着円盤など中心天体の輻射場によるジェット加速効率を上げるためには，非等方性や非一様性を導入するなど，何らかの仕掛けが必要だと考えている．まず，輻射場の非等方性をによる方法として，周縁減光やアルベドなどを検討したが，最終速度を割り増しはするが，抜本的な対策にはならない．別の可能性として，ジェットがボツボツの塊になっているといった空間的非一様性や，フレアなどでインパルス的に放出されるといった時間的非一様性も考えられる．今回は，とくに空間的非一様性を考慮して，ジェットの多段階加速を検討してみた．ジェットが数層になっていれば，光速近くまで加速される可能性があることがわかった．

　果たして宇宙ジェットモデルに未来はあるのだろうか？
＝＝＝
　　…やや過激に走っている（笑）

□日本天文学会２００１年春季年会より
＝＝＝
「宇宙ジェットモデルの新世紀：光圧で〈収束〉するニューモデル」
{東條正晴，○福江純，牧井康雄（大阪教育大教育）}
宇宙ジェットが降着円盤システムから吹き出している描像は，今日ほぼ確立しているが，ジェットの加速機構については，輻射圧加速と磁気的加速の２大潮流がある．もっとも，SS433ジェットや激変星のようにあきらかに輻射圧加速が働いている場合もあれば，YSOジェットのように磁気圧が有効な場合もあり，活動銀河ジェットなどはどちらも使えそうで，加速機構についてはケースバイケースであろう．

　ところで，1999年の秋季年会で"宇宙ジェットモデルの世紀末"として触れたように，輻射圧加速モデルには，〈収束性〉という問題点があった．

すなわち，一般に輻射場が広がるという特徴と，ジェットガスが降着円盤から供給される限り角運動量を持参しているため，輻射圧加速ジェットは本質的に広がる性質があるのだ．この輻射圧加速モデルの"アキレス腱"は，前世紀には解決されずに，21世紀への宿題として残されていた．

今回，我々はこのアキレス腱を解消する新機構を発見したので，報告する．仕組みはきわめて単純で，降着円盤の内部が光学的に薄いADAF領域になっており，ADAF領域からジェットガスが供給されればいいのだ．内部領域から放出されたプラズマガスは，ADAF領域を取り囲む周辺の光り輝く標準円盤の輻射場によって，〈加速かつ収束〉されてジェットを形成するのである．

この状況では，光り輝く降着円盤自体からガスが供給される場合と異なり，直下からの輻射場がないため，輻射場の動径フラックスによる押し込みと，輻射抵抗による角運動量の引き抜きが効果的に働く．その結果，とくに，ジェットのガスが電子陽電子対プラズマで，降着円盤の光度がエディントン光度程度の場合，ガス自体は角運動量を持参して円盤面から供給されるにもかかわらず，軸上に細く収束されたジェットが形成されることがわかった．さらにそのときの終末速度は，系内超光速天体ジェットの速度（〜0.92c）程度になった．

＝＝＝

　…なかなか自信過剰である（爆）

CHAPTER 4
重力レンズ天体

　ブラックホールのまわりでは時空が歪んでいるために光線も曲がる．この現象は，ブラックホールのような強い重力場だけでなく，太陽のような弱い重力場でも生じる．弱い重力場では光線の曲がりの程度が小さいので，実際に観測するのは難しいが，1979年以来，光線の曲がりに基づく重力レンズ現象が次々と発見され始めた．本章では，重力レンズ現象について，観測的事実，重力レンズの仕組み，マクロレンズとマイクロレンズについて，概観しよう．

4.1　重力レンズ現象の観測

　"光線の軌跡は重力場中で曲げられる"——この単純な性質から〈重力レンズ〉までの道は，そう遠くない．光源となる遠方の天体と観測者の間に，重力を及ぼす別の天体があれば，遠方の天体から出た光は，より近くの天体の重力場で曲げられて観測者まで届くことになる（図4・1）．本来はあさっての方向に向かっていて観測者には届かなかったはずの光が，観測者に集まってくるために，結果として光源は明るく見える．すなわち観測者と光源の間の天体がある種のレンズ

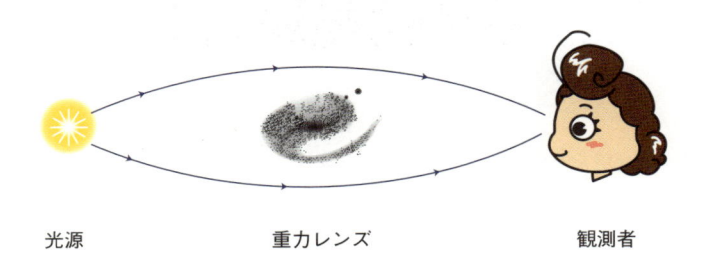

光源　　　　　　　重力レンズ　　　　　　　観測者

図4・1　重力レンズ現象．

の役割を果たすと考えられるため,この現象は「重力レンズ」と呼ばれるのだ.

重力レンズは天体の像の明るさを強めるため,きわめて遠方の暗い天体を見ることができる.その結果,他の方法では検出できないような遠方の宇宙を探査することが可能となる.また重力レンズによってできた像を解析すれば,光源だけではなく,重力レンズ現象を引き起こしているレンズ天体の性質についても知ることができる.さらに光の伝わり方から,光源と観測者の間に伝わる広大な宇宙空間についての情報も得られるのだ.したがって宇宙の構造を探るために,重力レンズは非常に有用な手段となりつつある.こうして現在では,宇宙が用意してくれた望遠鏡として重力レンズを利用する,いわば"重力レンズ天文学"とも呼ぶべき新しい学問分野が拓けたのである.

1) 双子クェーサーの発見

アインシュタイン自身は,重力レンズ効果が実際に観測される可能性は小さいだろうと考えていたが,アインシュタイン生誕100年にあたる1979年,重力レンズ像0957＋561A, Bが劇的に発見された

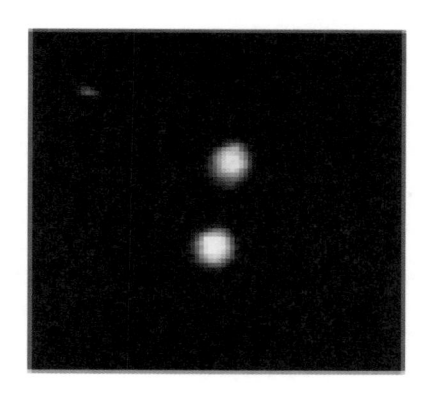

図4・2　クェーサー0957＋561A, B（大阪教育大学）.

クェーサー0957＋561A, Bは,おおくま座の中,赤経9時57分,赤緯プラス5度61分に位置する,赤方偏移が1.4の距離にある17等級の天体だ.A, Bとついているのは,このクェーサーが,角距離で5.7秒角というきわめて近接した2個の成分からなることを表している（図4・2）.クェーサーまでの距離を考えると,AとBの視線方向に垂直な距離はおよそ14万光年ほどになる.イ

4.1 重力レンズ現象の観測

ギリスのマンチェスター大学のウォルシュ（D. Walsh）らは，アメリカのキットピーク国立天文台の口径2.1m望遠鏡を使って，0957＋561A, Bをスペクトル観測し，AとBが分光学的にまったく同じ姿をしていることを突きとめた．すなわち，これらは別のクェーサーではなく，実は遠方のクェーサーからの光が，途中にある銀河（＋銀河団）の重力場によって曲げられた結果できた，2個の重力レンズ像だったのである．

　その後は，三つ子の像や，環状レンズ像（アインシュタイン・リング）として観測された電波源MG1131＋0456，そして最近ではハッブル宇宙望遠鏡で有名になった十字架状をしたアインシュタイン・クロスQSO2237＋0305などなど，さまざまな形状をした重力レンズ像が数多く発見されてきている．

2）銀河団中の蜃気楼

　環状のアインシュタイン・リングは，銀河団にかかる巨大なアーチ，という形でも発見されている（図4・3）．

図4・3　銀河団Cl0024のアーチ状レンズ像．

CHAPTER4　重力レンズ天体

　1986年，ヘラクレス座にあるAbell1370とみずがめ座のCl2244-02という2つの銀河団中で，円周の一部を切り取ってきたような巨大なアーチ構造が見つかった．銀河団Abell1370のアーチは，仮想的な円の半径が15秒角くらい，円弧の開き具合が80°くらいで，一方，銀河団Cl2244-02のアーチは，半径10秒角ほどの円周を110°分くらい切り取った円弧になっている．それぞれ長さが見かけ上30万光年ぐらいもあり，きわめて巨大なものであることがわかる．しかもこれらのアーチ構造は，巨大楕円銀河と同じくらい明るく，そのくせ楕円銀河より遥かに青いものだった．その後，1988年になって，Abell1370のアーチ構造の部分の赤方偏移が0.724であることがわかった．それに対して，アーチの見かけ上の中心にある銀河団中の銀河の赤方偏移は0.374なので，銀河団とアーチ構造の実体は，まるっきり違う距離にある天体であることがわかった．それもアーチの方が銀河団より遥かに彼方にあるのである．銀河団Abell1370の巨大なアーチは，18億光年の距離にある銀河団中の銀河重力場によってできた，31億光年彼方の銀河の幻だったのである．

3）MACHO

　最近では，ダークマターの候補であるMACHO探しにも重力レンズが使われている．宇宙には，星や銀河のような目に見える物質以外にも，暗いか小さいかで目には見えないが，質量としては存在しているものがあり，「ダークマター（暗黒物質）」と呼ばれている．ダークマターの正体はまだわかっていないが，その候補の1つが，惑星や暗い星やブラックホールなど，ふつうの物質でできたもので，しばしば有質量ハロ天体MACHO－筋肉男－と呼ばれている（他の候補は，ニュートリノのような素粒子で，弱相互作用素粒子WIMP－弱虫－と呼ばれる）．MACHOはふつうの望遠鏡では検出することは困難だが，もし，銀河系のハロ領域にMACHOがうじゃうじゃ存在していて，その1つが背後の星の手前を横切ることがあれば，重力レンズ効果を受けるだろう．星はほぼ点光源なので，重力レンズ効果による像自体の広がりを観測することはできないが，重力レンズ効果による増光は測定できる（後述のマイクロ重力レンズ効果）．実際，いくつかのグループが銀河系中心部や大マゼラン銀河の方向などで何百万もの星をモニター観測し，1993年，MACHOによるマイクロ重力レンズ増光がついに検出された（図4・4）．

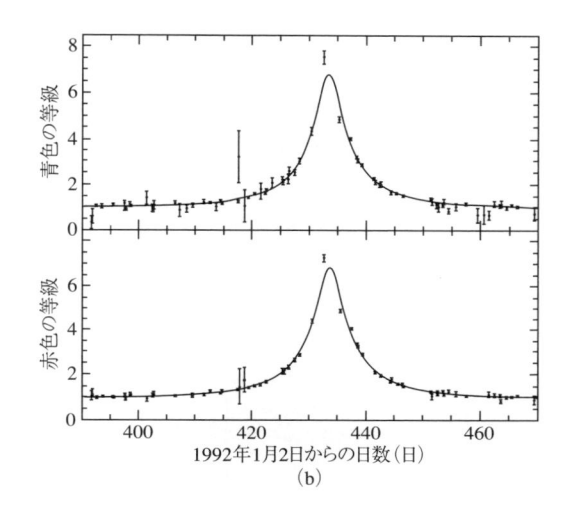

図4・4 MACHOによる増光現象.
変光の仕方は波長によらないのが重力レンズの特徴である（Alcock *et al.* 1993, Nature 365, 621）.

4.2 マクロ重力レンズ

　数千億個の星からなる銀河の重力場は，個々の星は質点でも，その重ね合わせの結果，おおまかに見れば，銀河全体の重力場は滑らかなものになっている．最初に発見されたクェーサー0957＋561A, B，他の重力レンズ天体，銀河団中にアーチなどはすべて，このような巨視的な重力場によってできた，望遠鏡でも分解できる数秒から数十秒角程度の巨視的なレンズ像なので，「マクロ重力レンズ」と呼んでいる．

1）マクロレンズ効果

　重力レンズ現象では，遠方の光源（例えばクェーサー）から発せられた光が，間にある重力レンズ（例えば銀河）によってその進路を曲げられ，その結果，光源の像が複数個，違った場所に見えてしまう．重力レンズ現象では，ブラックホールなどに比べて一般相対論的効果は非常に弱いので，光線の曲がりなども非常に小さい．そのような場合には，光線が曲げられる角度は，銀河の重さが重いほど，また光線の通り道が銀河に近いほど大きくなる．

CHAPTER4　重力レンズ天体

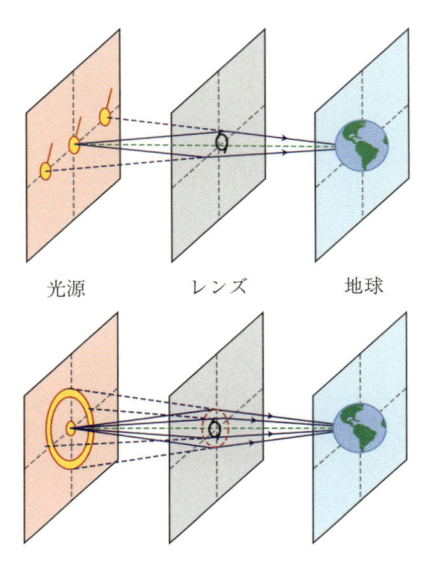

図4・5　マクロレンズ像の形態．
一般には上のような多重像が，一直線に並ぶと下のようなリング像ができる．

　重力レンズ現象が起こるときには，光源とレンズ銀河と観測者は，概ね一直線上に並んでいるが，直線からのずれの程度によって，できる像の形が違う（図4・5）．もし光源とレンズ天体と観測者が完全に一直線上に並んだときには，レンズ天体の周囲を通る光が同じ角度だけ曲げられ，立体的に見た場合には完全な環（リング）となって見える．それを「アインシュタイン・リング」と呼ぶ．一直線から少しずれると，光源の重力レンズ像は弧状（アーク）となり，もっとずれると複数個の像となり，さらにずれると重力レンズ像自体ができなくなってしまう．

　さらに銀河にせよ銀河団にせよ，現実の天体は完全に球形や円形ではなく，少し歪んだ形状になっている．そのような場合は，方向によって光線の曲がり角が違うため，2重像ではなく4重像などの多重像になる．アインシュタイン・クロスQSO2237＋0305が4重像の典型例である．余談だが，アインシュタイン・リングは環状のレンズ像を指す一般名詞だが，アインシュタイン・クロスはQSO2237＋0305固有のニックネームである．

4.2 マクロ重力レンズ

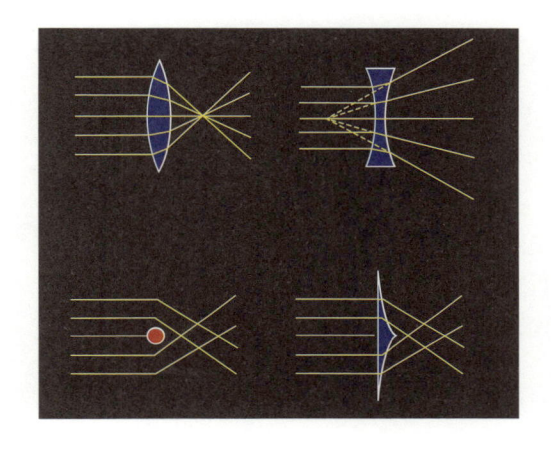

図4・6
重力レンズによる光線の曲がり方．
左上：凸レンズ
右上：凹レンズ
左下：点状重力源による重力レンズ
右下：重力レンズと等価な光学レンズ

2) 重力レンズの幾何光学

　重力レンズにおける光の曲がり方を調べておこう（図4・6）．

　まず凸レンズは，遠方からやってきた光を一ヶ所に集める性質があり，その光の集まる点を「焦点」と言う．そして遠方にある物体を凸レンズを通して見たときには，この焦点の近傍に物体の像ができる．凸レンズでは，像は逆さまの倒立像として見える．虫眼鏡，屈折望遠鏡や顕微鏡の接眼レンズ，目の水晶体などは凸レンズになっている．凹レンズは，真ん中がへこんでおり，光を散らす性質がある．凹レンズの場合にも焦点はあるが，焦点から光がやってくるような点になっている．そして遠方にある物体を凹レンズを通して見たときには，像の形は変わらず正立した像が見える．

　重力レンズも凸レンズのように光を集める性質があるが，凸レンズと異なって，焦点はない．と言うのは，重力レンズの場合，とくに重力レンズとなる天体が星のような質点のときには，その近傍を通る光線は，中心に近いところほど大きく曲げられ，中心から遠ざかるほど曲げられる角度は小さくなる．そのため重力レンズを通った光は，一点に集まることができないのだ．実際，ガラスを使って重力レンズに等価なレンズを作れば，レンズの中心ほど膨らんで屈折率を大きくした図4・6右下のようなものになるだろう．

　焦点をもたないという意味では，重力レンズを「レンズ」と呼ぶのは正しくないかも知れない．しかし，まさにこの性質のために，重力レンズは面白い像

77

CHAPTER4 重力レンズ天体

を提供してくれるのである．

3) 増光の仕組み

上で述べたように，重力レンズは，凸レンズのように光線を"一点"に集光するわけではない．しかし，本来ならよその方向に飛んでいってしまって観測者の目に届かなかったはずの光が，重力レンズ効果でその進路を曲げられて，観測者に届くようになることは変わらない．その結果，レンズがないときの光源の見かけの大きさに比べて，（変形した）レンズ像の見かけの大きさが広がって見えることになる．しかも，光線の性質から，光源の各点の明るさ（輝度）とレンズ像の各点の明るさは同じなので，見かけの大きさが大きくなった分だけ，レンズ像が全体として明るくなる．これが重力レンズによる増光の仕組みだ（図4・7）．

レンズ像の見かけの面積を，重力レンズ効果を受けなかったときの光源の見かけの面積で割ってやれば，重力レンズ効果による増光の割合（増光率）が求まる．例えば，最初に見つかったクェーサーQSO0957＋561の像Aの場合，等級にして約7.5等，明るさに直すとなんと約400倍もの増光が生じたと見積られている．通常の重力レンズ天体でも，たいだい数倍から数十倍の増光を受けているものがほとんどである．言い換えれば，増光されて明るくなっているレンズ像が見つかりやすいのだ．

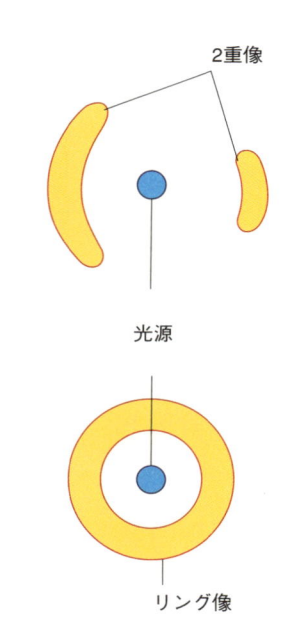

図4・7　重力レンズによる増光の仕組み．
光源の見かけの大きさ（面積）とレンズ像の見かけの大きさ（面積）の違いによる．

数式コーナー

偏角

　光源から到来した光が，レンズ天体の近傍をかすめて観測者に届いたとき，光線の曲げられる角度を「偏角」と呼び，δ や $\delta\phi$ や ε などで表す．簡単のために，光源やレンズの大きさに比べて，それらの観測者からの距離は十分遠く，またレンズは質量 M の質点で近似できるとしよう（図4・8）．レンズは必ずしもブラックホールである必要はない．

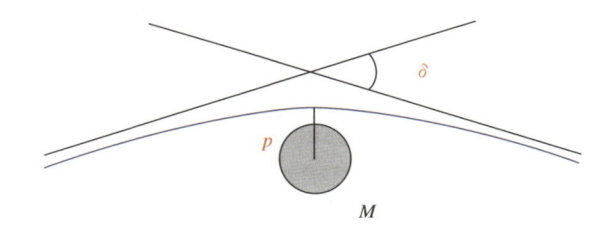

図4・8　偏角 δ と近レンズ点距離 p．

　重力場が十分弱い近似のもとで，偏角 δ は，近レンズ点距離 p を用いて，

$$\delta = \frac{4GM}{c^2 p} = \frac{2r_g}{p}$$

と表せる．ただし r_g はレンズのシュバルツシルト半径 $r_g = 2GM/c^2$ であり，角度の単位はラジアンで測る（重力場は弱い近似なので，$r_g \ll p$）．

　具体的には，例えば，太陽の縁をかすめる光線の場合，M に太陽質量を，p に太陽半径を代入すれば，$\delta = 1.75$ 秒角が得られる．また巨大銀河の場合，M に1兆太陽質量，p に10万光年を入れると，1.3秒角ぐらいになる．

数式コーナー

アインシュタイン・リング半径

　光源と重力レンズと観測者が一直線に並んだときにできるリング状のレンズ像－アインシュタイン・リング－の半径を，「アインシュタイン・リング半径」と呼ぶ（図4・9）．この半径はまた，重力レンズ現象が効果的に起こる領域の大きさ，いわば重力レンズのサイズの目安にもなっている．

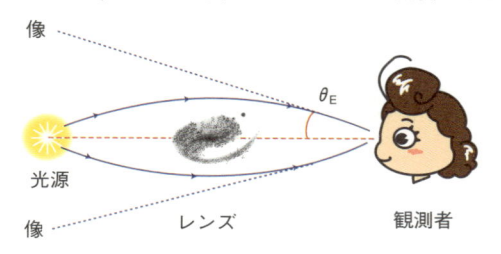

図4・9　アインシュタイン・リング半径．

　重力レンズの質量をM，レンズのシュバルツシルト半径をr_g（$=2GM/c^2$）とし，光源とレンズの距離をd_{SL}，レンズと観測者の距離をd_{LO}と置いたとき，アインシュタイン・リング半径θ_Eはラジアンで測って，

$$\theta_E^2 = \frac{2r_g\, d_{SL}}{(d_{SL}+d_{LO})\, d_{LO}}$$

で与えられる．

　例えば，双子クェーサー0957＋561A, Bの場合，光源クェーサーの赤方偏移は1.41なので距離はおよそ51億光年（$=d_{SL}+d_{LO}$）になり，レンズ銀河の赤方偏移は0.36で距離はおよそ17.8億光年（$=d_{LO}$）で，したがって，光源とレンズの距離は約33.2億光年（$=d_{SL}$）となる．レンズ銀河の質量として1兆太陽質量とすると，そのシュバルツシルト半径は0.312光年になる．これらの数値を上の式に代入すると，アインシュタイン・リング半径として，約3秒角が得られる．実際の双子像の視距離は5.7秒角である．

　いまの数値の入れ方を変えれば，原理的には，光源やレンズまでの距離とレンズ像の間隔や配置から，レンズ天体の質量分布などを求めることができるのだ．

4.3 マイクロ重力レンズ

　遠方の銀河やクェーサーからの光は，手前にある銀河全体の重力場によって重力レンズ効果を受けると同時に，銀河を構成している個々の星によるレンズ効果も受ける．しかも銀河全体の重力場が滑らかなのに対し，質点としての個々の星の重力場はスパイク状に切り立っている．さらに星の数は多いのでレンズ像は複雑になるだろう．このような銀河を構成する個々の星による重力レンズ効果を，西ドイツハンブルク天文台のチャン（K. Chang）とレフスダル（S. Refsdal）たちは，「マイクロ重力レンズ効果」と名付けた（1979年）．

1）マイクロレンズ効果

　マクロ重力レンズに対するマイクロ重力レンズの影響は2つある．まずマイクロ重力レンズで興味深いのは，銀河のマクロ重力レンズ効果と星のマイクロ重力レンズ効果が合わさって，観測者の焦点面に，光束の集中する火点のような領域が生じることだ（図4・10）．火点というのは，コーヒーカップの底にできる光の陰翳のような現象で，チャンたちはそれを「臨界線」と呼んだ．マイクロレンズ効果によってこのような火点が生じる結果，複数で複雑な像ができたり，あるいは星の運動に伴うマイクロ重力レンズ現象の時間変動などが起きたりする．ただし典型的には分裂した像の間隔は1マイクロ秒角程度で，望遠鏡で分解はできない．

図4・10　カップの底の臨界線．

2) 光度曲線

またマイクロ重力レンズの影響は，複雑なレンズ像を作るだけでなく，レンズ像の時間変化とも関係する．すなわち，観測者を含み光線に垂直な平面内でレンズ天体あるいは観測者が固有運動して，観測者が臨界線を横切るようなことが起こると，マイクロレンズ像の明るさは，急激に増光したり減光したり，大きく変動するのだ（図4・11）．レンズ像自体が分解されていなくても，観測者に届く光線の本数が変化するために，増光は起こる．

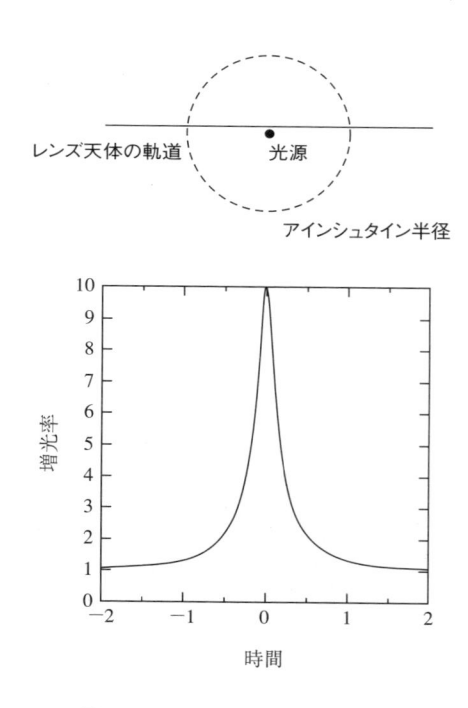

図4・11 MACHOによる像光の仕方．

具体的には，もし銀河系のハロ領域にMACHOが存在するなら，例えば大マゼラン銀河の星を観測していれば，その手前を偶然に（銀河系内の）MACHOが横切ったときに，（大マゼラン銀河の）星の明るさが変化するだろう．1986年にこのことを初めて指摘したプリンストン大学のパチンスキー（B.

4.3 マイクロ重力レンズ

Paczynski）によると，大マゼラン銀河の場合，確率的には100万個の星を1年間観測するとMACHOによる像光現象が1回程度起こるはず、となった．そしてアメリカやフランスやポーランドなどで3つのチームがMACHOによるマイクロレンズ現象の観測を始め，数年後の1993年には，数例のマイクロレンズ増光を本当に発見したのである．この解析では，MACHOの質量はたいだい太陽の10分の1程度となった．

3）マイクロレンズ望遠鏡

クェーサーの中心には，超巨大なブラックホールが鎮座していて，その周辺に高温のプラズマガスでできた降着円盤が渦巻いていると想像されているが，あまりに遠方にあるために，円盤などの詳細な構造はまだ分解されていない．マイクロ重力レンズ効果を"望遠鏡"のように利用することによって，クェーサー中心部の微細構造を調べる可能性も検討されている．

マイクロレンズ効果による増光率は，像の大きさともとの天体の見かけの大きさの比になっている．したがって，もとの天体の見かけの大きさが小さいほど増光率は高くなり，大きくなれば増光率は下がってしまう．逆に言えば，増光率などを解析することによって，光源の広がりを求めることができる．この考えをクェーサー中心の降着円盤に適用すると，降着円盤の手前をマイクロレンズが横切ったときの光度曲線を解析することによって，降着円盤の広がりを求めることが原理的には可能なのだ．

また，降着円盤は，中心ほど高温なので，光よりも紫外線の方が，紫外線よりもX線の方が，よりエネルギーの高い電磁波で観測した方が，降着円盤の広がりは小さく見える．仮に降着円盤が分解できなくても，マイクロレンズ効果を受ける光源のサイズとしては，短波長の電磁波の方が降着円盤のサイズは小さくなっているはずだ．そこで，いろいろな波長の電磁波で降着円盤のマイクロレンズ効果を観測すると，波長によって光度曲線に違いが現れるはずなのだ．逆に言えば，波長による光度曲線の違いを解析することによって，降着円盤の温度分布やエネルギー分布などの構造を調べることが可能になるのである．

● COLUMN 4 ●

ブラックホールの見つけ方　その３／重力レンズ効果

　宇宙の彼方のブラックホールを見つける３番目の方法で，(僕が)最も有望だと思っているのが，重力レンズ効果を利用して探知する方法である．重力レンズ効果によるブラックホールの探知方法とは，宇宙船の進行方向の星空を観測し，星の位置をきわめて精度よく走査して，重力レンズ効果による(星の分布の)系統的な歪みを検出する方法だ．

　具体的に数値をあたってみよう．宇宙船の前方のどこかに１０太陽質量ぐらいのブラックホールが存在しているとしよう．また宇宙船に搭載した望遠鏡の検出精度は，０.１秒角だとしよう(現有の技術精度)．この検出限界で重力レンズ効果の影響が測定にかかる距離は，約２６.５光年になる．これは十分に大きな距離だ．

　というわけで，"重力レンズ法"を使えば，仮に検出精度がもっと悪くても，十分遠方で安全な距離からブラックホールの存在を検出できるのだ．またこの方法は，星の位置を精査して，星図(チャート)と比較するだけなので，アホなクルーには頼らずに，現有技術でもプログラムによる自動的な検出が可能である．

　将来の宇宙計画では，いや，とりあえず，現在の映画やバーチャル世界でも，ブラックホールとの遭遇シチュエーションでは是非取り入れて欲しいモノだ．えっ？　ブラックホールとの突然の遭遇による危機が生じないと話が盛り上がらないって？　そこは，新しい危機を作るのが，腕の見せ所だろうと思う．

● COLUMN 5 ●

手作り重力レンズ

　重力レンズによる光線の曲がり方はわかっているので，重力レンズと同じ屈折の仕方をする"等価"光学レンズの設計をすることは難しくない．実際，屈折率 n の透明材質（例えばアクリル樹脂）でレンズを作るとすると，質点による重力レンズの性質を再現する光学レンズは，ワイングラスの足の部分のような形になり，対数関数を使って表せることが導ける（図４・６参照）．図４・１２は，そのような設計に基づき，実際に，透明アクリル製の円柱を削り出して製作した"重力"レンズだ．またその他の図は，この"等価"光学 a レンズで作った"レンズ像"である．手作り重力レンズの実体感もなかなか捨てがたいものがある．

図4・12　手作り重力レンズ

図4・13　2重像（光軸を少しずらした）

図4・14　アインシュタイン・クロス
　　　　（レンズを傾けた）

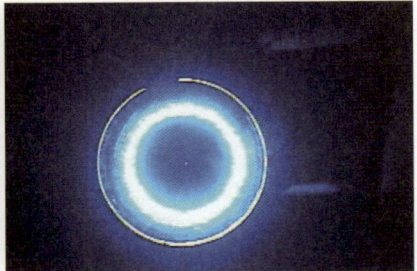

図4・15　アインシュタイン・リング
　　　　（全部を一直線に並べた）

CHAPTER 5
ブラックホールの一生

　基礎的な問題を取り扱った前著『ブラックホールは怖くない！』の第1章でブラックホール本人が口上したように，ブラックホールにも親はいるし，モノを喰って成長もするし，さらにある種の死もある．本章では，ブラックホールの一生という見地から，ブラックホールの誕生，成長過程，そして蒸発について述べよう．

5.1　ブラックホールの誕生

　人の一生でも，その誕生や老化メカニズムの全容は解明されていないし，ふつうの星の進化でも，生まれたばかりの原始星や最期の段階は最近になって少しずつベールが剥がれ始めた状態だ．ブラックホールに関しても，形成のメカニズムはまだよくわかっていない部分が多い．

1）恒星ブラックホール

　形成過程について一番よくわかってきているのが，太陽の10倍程度の質量をもつ恒星ブラックホールである．まずは，星の進化について，簡単におさらいしておこう（図5・1）．

　星は核融合反応によって水素やヘリウムなどを燃やし，炭素や酸素，鉄などの重い元素に変換して輝いている．この核融合反応は何段階にも分かれており，ややこしいのは，ある段階の生成物すなわち灰が次の段階の燃料になることだ．またこれらの段階は温度に強く依存し，重い星ほど中心の温度が高いため進む段階が異なる．以下，星の質量Mによって終末への道筋を分けてみよう．

　まず，星の中心で水素が核融合を起こして安定に生存している時期を「主系列」と呼ぶが，星が主系列でいる期間は，星の質量によって大きく異なる（表5・1）．例えば，太陽は100億年ぐらい主系列だが，太陽の20倍の質量の星

CHAPTER5 ブラックホールの一生

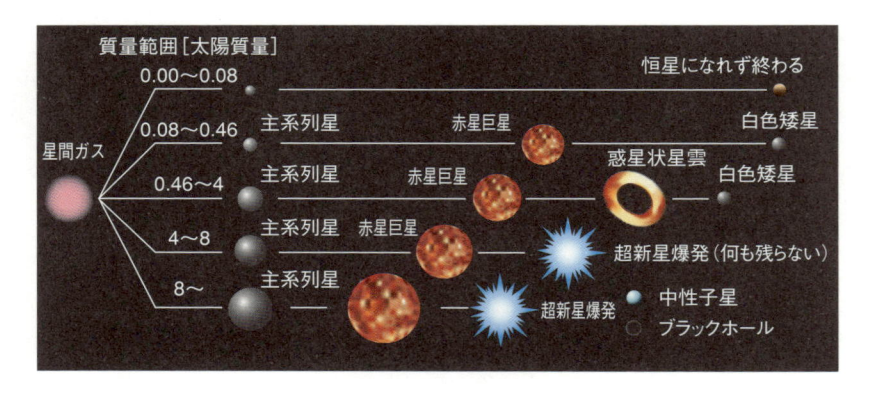

図5・1 星の進化.

は，核融合反応が非常に激しく，したがって太陽の数万倍の明るさで輝き，その結果，あっと言う間に中心部の水素を燃やし尽くして，たった700万年ほどで主系列の段階を終えてしまう．逆に，太陽の半分の質量の星は，核融合反応もゆっくりなため，1000億年以上も主系列に留まる．いずれにせよ，星はその一生の大部分を主系列星として過ごす．

表5・1 主系列星の期間

星の質量（太陽質量）	寿命（億年）
20	0.07
10	0.18
5	0.65
2	7.0
1	100
0.5	1500

太陽質量＝約 2×10^{30} kg

(1) $M < 0.08$ 太陽質量

　星の生まれたときの質量があまりにも小さいと，中心の温度が十分上がらないため，星は核融合反応を起こすまでにいたらない．初期の収縮に伴って解放される重力エネルギーがすべて放出されてしまうと，冷えて暗い天体となるだろう．このような太陽に成り損ねた星が，褐色矮星や木星のような巨大ガス惑星だ．

(2) 0.08 太陽質量 $\leq M < 0.46$ 太陽質量

　原始星として誕生した後，中心部の温度が上昇して1千万度ぐらいになると，

5.1 ブラックホールの誕生

水素に火が付いて核融合反応が始まり主系列星となる．水素がヘリウムに変換されるにつれ，中心部には燃えカスであるヘリウムが溜っていく．また水素の外層は膨張して，赤色巨星となる．この質量範囲では，ヘリウムに火が付く前に水素が燃え尽きてしまい，核融合反応はそれより先の段階へは進まない．水素の外層がなくなると，ほとんどヘリウムでできた白色矮星が残る．ただし，質量の小さい星の寿命は非常に長いので，宇宙年齢の間にヘリウム白色矮星の段階まで到達したものはないだろう．

（3） 0.46 太陽質量 $\leq M <$ 4 太陽質量

赤色巨星の段階で，ヘリウム中心核が収縮し，温度が1億度ぐらいまで上がると，ヘリウムの灰に火が付く．そして今度は，ヘリウムが新たな燃料となって，炭素や酸素の灰を作るという，次の段階の核融合反応が始まる．ヘリウム核融合によって生成された炭素や酸素が中心部にたまると，星は再び膨らみ，やがて外層大気をゆっくりと放出して惑星状星雲となる．炭素と酸素のコアは重力収縮するが，この質量範囲では炭素や酸素には火が付かず，そのまま炭素と酸素でできたCO白色矮星となる．白色矮星は冷えてやがては黒色矮星になるだろう．我々の太陽の運命でもある．

（4） 4 太陽質量 $\leq M <$ 8 太陽質量

炭素と酸素の中心核が収縮して中心温度が8億度ほどに上昇すると，炭素と酸素の灰に核融合の火が付く．このときの核融合は非常に激しくて，炭素や酸素は実に0.1秒以下で一気に燃え尽きてしまう．核融合の暴走が起こるのは中心部だけだが，その影響は星全体に波及し，星は粉々に砕け散ってしまう．これが核爆発型超新星爆発である．もっとも，最近の研究では，この範囲の星では，進化の途中で外層を大量に放出してしまい，結局，白色矮星になってしまう可能性が高い．

（5） 8 太陽質量 $\leq M$

さらに重い，太陽の8倍から30倍くらいの質量の星では，核反応は一気に鉄まで進んでしまうが，せっかくできた鉄はまわり中からエネルギー（ガンマ線光子）を吸収してヘリウムと中性子に分解してしまう（鉄の光分解と呼ぶ）．軽い元素がエネルギーを放出しながらシコシコ融合して鉄までできたのは，発熱反応だが，そのプロセスを逆転させるのだから，この鉄の光分解は，吸熱反応であ

る．この反応は，ほんの0.1秒ほどしかかからない．その結果，中心核の圧力は一挙に下がって中心核は潰れ，逆に外層は反動で飛び散る．これは重力崩壊型超新星爆発だ．重力圧潰した中心核では，陽子と電子は合体して中性子となり，いわゆる中性子星となる．この中性子星のサイズは10kmほどしかない．

　もっともっと重い星の場合，おそらく太陽の30倍くらいよりも重い星の場合は，超新星爆発のときに重力圧潰した中心核は，とことん潰れてブラックホールにまでなってしまう（図5・2）．最近では，超新星爆発の中でもとくに規模が大きいもので，ハイパーノヴァ（極超新星）と呼ばれるものが知られるようになってきた．もしかしたら，そのような極超新星からブラックホールが誕生するのかもしれない．

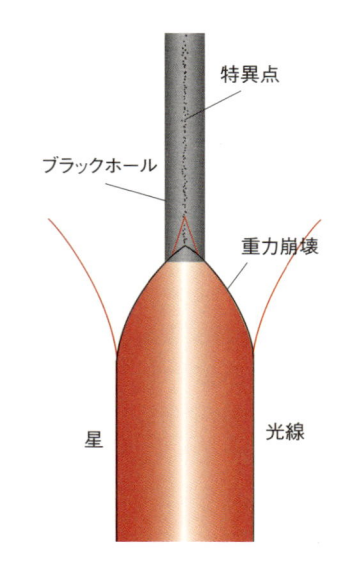

図5・2　ブラックホールの形成．大質量星（の中心部）が重力崩壊してブラックホールになる有様をミンコフスキー時空図（時間は下から上へ）で表したもの．

　ということで，太陽質量の10倍程度の"ふつう"のブラックホールは，大質量星がその一生を終えたとき，超新星爆発の後に残される．すなわち，超新星爆発の際，非常に高密度になった中心核の質量が太陽の数倍を超えると，いかなる圧力によっても自分自身の重力を支えることができなくなり，中心に向かって無限に崩壊してしまう．この「重力崩壊」の結果できた天体がブラックホールだ．ただし，大質量の星がブラックホールになるための正確な条件や，ブラックホールができるときの詳細なプロセスについては，まだ十分わかっていない．

2）銀河ブラックホール

　活動銀河の中心に鎮座している太陽の1億倍もの質量をもつ銀河ブラックホ

5.1 ブラックホールの誕生

ール．この超巨大なブラックホールがどうやってできたかについては，30年も前からさまざまなアイデアが提案されているにもかかわらず，未だにこれだという定説は得られていない．大きく3つの案に分けられるだろう．

(1) 小質量の恒星ブラックホールから少しずつ肥え太らせる

古くから提唱されている考え方の1つで，ふつうの恒星ブラックホールをタネとして，数千万年から数十億年かけて，次第に大きくしていく方法だ（図5・3）．質量の供給方法としては，周辺から星間ガスが降ってきたり，あるいは銀河中心に落下してきた巨大な分子雲を吸収したり，さらには中心核の星々を破壊吸収する方法などが提案されている．

ガスの供給さえ保証されれば可能な方法だが，言い換えれば，ガスの供給が難しいことも指摘されている．と言うのは，角運動量の障壁の問題があるからだ．すなわち，銀河内のガスも中心のまわりを回転しているので，角運動量を減らさない限り，角運動量

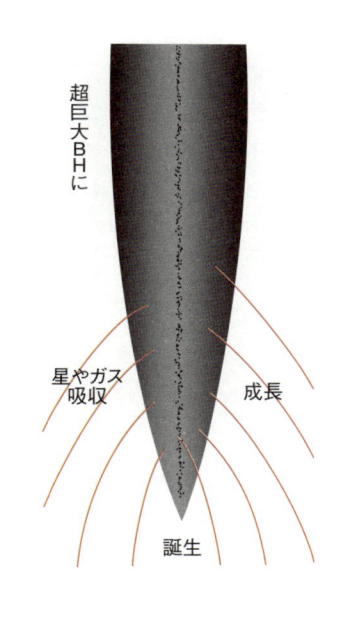

図5・3 超巨大ブラックホールの形成．

障壁のために，そう簡単には中心に落ち込めない．ガスの角運動量を急激に引き抜く方法としては，銀河同士の近接遭遇による潮汐相互作用や，さらに極端には銀河合体によるガス同士の相互作用なども考えられている．

(2) 大質量の銀河ブラックホールを一挙に作る

銀河の中心は，そもそも星が非常に密集している場所だ．したがって，大質量の星も多く，超新星爆発なども頻繁に起こり，ふつうの恒星ブラックホールなどもゴロゴロできているだろう．非常に狭い場所に星やブラックホールなどが密集していると，全体が重力的に不安定になり，一挙に重力崩壊して巨大なブラックホールができるだろう．具体的には，大質量星やブラックホールが1光年

程度の領域に1千万個ぐらい詰め込まれると,一般相対論的な不安定性を引き起こすことがわかっている.類似の可能性としては,いくつかの銀河が衝突合体したときに,中心核も衝突合体して,一挙に巨大ブラックホールができる可能性もある.あるいは,そもそもの銀河の形成時点で,中心部のガス密度が非常に高くなり,いったん,太陽の1億倍くらいの超星ができて,その超星が超巨大ブラックホールに重力崩壊する場合もあるかもしれない.

このように,いっぺんに作ってしまうのも古くから提案されている方法の1つだが,一挙に作るのは,芸がないっちゅうか,あまり面白みはない.

(3) ミッシングリンク―中質量の中間ブラックホール

最近になって,セイファート銀河その他,いくつかの銀河の中心で,太陽の1千倍から数万倍くらいの中程度の質量をもった"中間ブラックホール"が見つかり始めた(図5・4).恒星ブラックホールよりはかなり重いが,超巨大ブラックホールほどには重くない.そのため,これら中質量のブラックホールは,恒星ブラックホールと超巨大ブラックホールの間をつなぐ,"ミッシングリンク"だと考えられている.

これらの中間ブラックホールの出自については,まだ不明である.考えられる可能性としては,恒星ブラックホールが成長するという立場では,中間ブラックホールは,星間ガスを吸い込みながら恒星ブラックホールから超巨大ブラック

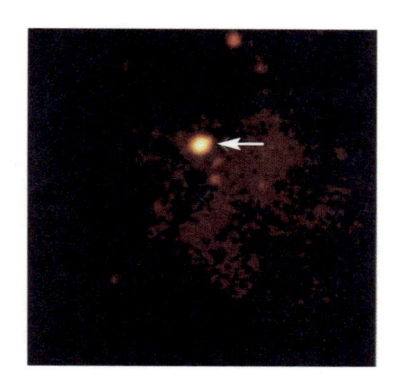

図5・4 中質量ブラックホール
特異銀河M82の中心でみつかった中質量ブラックホール
(Matsumoto *et al*. 2001).強いX線を放射している.

ホールに成長している途上にあるのだろう．また一挙にできるという立場では，小ぶりな銀河の中心には中質量のブラックホールができるのかもしれない．さらに，別の可能性としては，恒星ブラックホールが数百個から数千個ぐらい集まって，いったん，中質量ブラックホールになり，さらに銀河合体などによって中質量ブラックホールが多数集まって超巨大ブラックホールになるという，超巨大ブラックホールの形成が2段階で起こっているのかもしれない．

いずれにせよ，超巨大ブラックホール形成には，ガスの供給がキーポイントになりそうだ．

3）ミニ（マイクロ）ブラックホール

ケンブリッジ大学の天才科学者スティーブン・ホーキング（S. Hawking）らは，ビッグバン宇宙初期のきわめて高温高密度の時期に，小さなブラックホールがバンバンできたと考えた．それを「ミニブラックホール」と呼んでいる．

原始宇宙でできたミニブラックホールのうち，質量が小さなもの，具体的には10億トン（半径1 kmの小惑星の質量とだいたい同じ）より小さいやつは，ブラックホールの地平面近くの量子過程により，現在までに蒸発してしまう（後述）．質量が10億トン程度のやつは，いま現在，ガンマ線を放出して消滅中で，さらに質量の大きなものは，ひょっとしたら銀河系のハロあたりにゴロゴロしているかもしれない．ただ，観測的に確認されている恒星ブラックホールや超巨大ブラックホールに対し，ミニブラックホールはまだ観測されておらず，その実在については不明である．重力レンズ効果を使って木星ぐらいの質量のミニブラックホールを探そうという方法も提案されているので，どうなるか楽しみだ．

5.2 ブラックホールの成長

ブラックホールは周囲の物質（やエネルギーを）吸い込んで肥え太る．現実の宇宙でブラックホールが物質を吸い込む状況としては，さまざまなケースが考えられるが，思いつくままに挙げてみると，以下のようなものがあるだろう．

- 地球内部に侵入したミニブラックホールが地球物質を吸い込む（ブラックホールシンドローム）
- 星間空間を放浪する単独ブラックホールが星間ガスを吸い込む（ホイル＝リットルトン降着）

CHAPTER5 ブラックホールの一生

- 超新星爆発後に形成されたブラックホールに爆発残滓物質が落下する
- 連星系のブラックホールに伴星大気が流れ込む（降着円盤）
- 連星系のブラックホールが伴星の恒星風を吸い込む（恒星風供給降着）
- 赤色巨星の大気に突入したブラックホールが恒星大気を吸い込む（ソーン＝チトカウ天体）
- 銀河中心の巨大ブラックホールが星間ガスなどを吸い込む（降着円盤）

状況はいろいろあれど，その取り扱いには共通したものがある．すなわち，上記の状況を一般化すれば，（静止または運動している）ブラックホールが，周囲の物質を吸い込んでいるとき（ブラックホールは暗黒または光っている），物質を吸い込む割り合い（質量降着率）がどれくらいになるか，を調べることに帰着する．これらを場合分けすると以下のようになるだろう．

  A ボンヂ降着（ブラックホールがガスに対して静止している）
   A黒 ブラックホールは光っていない
   A白 降着ガスのエネルギー解放によって中心が光っている
  B ホイル＝リットルトン降着（ブラックホールがガスに対して運動している）
   B黒 ブラックホールは光っていない
   B白 降着ガスのエネルギー解放によって中心が光っている
  C 降着円盤（ブラックホールに対して円盤状にガスが降り積もる）
   C1 円盤ガスはケプラー回転している（標準降着円盤）
   C2 円盤ガスの落下速度が比較的大きい（超円盤）

上の場合分けは，あくまでも便宜的なもので，お互いに独立的なものでも排他的なものでもない．例えば，星間空間を運動しているブラックホールは，当初は主にホイル＝リットルトン降着（B）でガスを吸い込んでいるだろうが，ガスの抵抗によって星間ガスとの相対速度は次第に小さくなり，やがてはボンヂ降着（A）に移行するだろう．また降着ガスの密度が非常に小さければ放射の影響は考えなくていいが（A黒，B黒），ガスの密度が高くなりエネルギー解放量が大きくなると，放射圧などの影響が無視できなくなる（A白，B白）．

1）ボンヂ降着体

ブラックホールなどの重力天体が，密度一様の星間ガス中で（星間ガスに対して相対的に）静止しているとする．そのような状況で，重力天体にガスが落

5.2 ブラックホールの成長

下する仕方は,「ボンヂ降着」として知られている(2章参照).降着ガスの振る舞い,すなわち速度場や密度分布などを正確に知るためには,ガスの圧力も考慮して運動方程式を解かなければならない.しかし成長のタイムスケールやおおざっぱな成長度合いを知るだけなら,概算で見積ることができる.

例えば,ブラックホール自身の質量をボンヂ降着の質量降着率で割れば,ボンヂ降着によってブラックホールの質量が自分自身と同じくらいに増加するタイムスケール(「ボンヂ時間」)が得られる.具体的に計算してみると,星間空間の分子雲中での典型的な環境の中に10太陽質量程度のブラックホールがあると,ボンヂ時間はだいたい5万年ぐらいになる.

またボンヂ降着の方程式は,解析的に解けて,ボンヂ降着しているブラックホールの質量は,ボンヂ時間で発散してしまうことがわかる(図5・5).もちろん実際には,ブラックホールに吸い込まれるガスが枯渇したり,あるいは他のプロセスが働いたりするので,本当に,ブラックホールの質量が発散してしまう

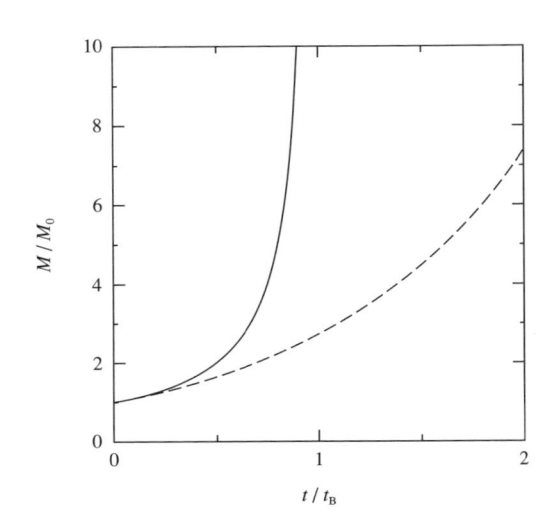

図5・5 ボンヂ降着によるブラックホールの成長.
"黒い"ボンヂ降着体(実線)の質量はボンヂ時間で発散するが,
"白い"ボンヂ降着体の質量は指数的に増大する.

ようなことはない．

　一方，一般には，ブラックホールに降着するガスは重力エネルギーを解放して光り輝いている（2章）．その放射圧がダイナミックスに影響を与えるぐらい強いと，降着率も変化するので，ブラックホールの成長にも影響が出てくる．この，いわば，"白い"ブラックホールの場合はどうなるだろうか？

　中心の天体が光っている場合には，ガスが外向きの放射圧を受けるので，放射圧の分だけ重力が見かけ上，弱くなる．その結果，"白い"ブラックホールへの質量降着率は減少し，"黒い"ブラックホールに比べて，成長のタイムスケールは延びる．

　極端な場合で，中心がほぼエディントン光度で光っている状況を考えてみよう．エディントン光度で光るためには，ガスがどれだけの割合で降着しなければならないかを見積ることができ，その質量降着率でブラックホールの質量を割れば，エディントン光度で光っている"白い"ブラックホールの成長時間（「エディントン時間」）が得られる．具体的には，変換効率を0.1として，エディントン時間は4500万年になる．面白いのは，このタイムスケールが，エネルギー変換効率 η（0.1程度）には比例するが，ブラックホールの質量などにまったく関係しない点だ．わかりやすく言えば，10太陽質量の普通のブラックホールにせよ，小惑星程度のマイクロブラックホールにせよ，はたまた太陽の1億倍もの質量をもつ超巨大ブラックホールにせよ，ガスが十分に供給されてエディントン光度程度で輝いているならば，最初の質量に無関係に，だいたい5千万年で質量が倍になるということを意味している．

　またボンヂ降着をしながらエディントン光度で輝いている"白い"ブラックホール（"白い"ボンヂ降着体）の質量 M も時間 t の関数として解ける．具体的に解いてみると，"白い"ブラックホールの質量は，有限の時間で発散するわけではないが，指数的に増大することがわかる（図5・5）．

数式コーナー

ボンヂ時間

　質量Mのブラックホールが，密度ρで音速aのガス中で静止しているとする．ブラックホール周辺のガスの放射は無視する．すなわちブラックホールは"黒い"とする．

　ボンヂ降着で，ガスの落下速度が音速になる半径（ボンヂ半径）は，
$$r_B \sim GM/a^2$$
だった．おおざっぱには，半径r_Bの球面（面積$4\pi r_B^2$）を，密度ρのガスが速度v（$\sim a$）で通過することになるので，ガスの降着率dM/dtは，
$$dM/dt = 4\pi r_B^2 \rho v = 4\pi r_B^2 \rho a$$
と見積ることができる．上のボンヂ半径を代入すると，
$$dM/dt = 4\pi G^2 M^2 \rho / a^3$$
となる．

　この質量降着率dM/dtでブラックホール自身の質量Mを割れば，ボンヂ時間が求まる．具体的には，ガスの個数密度をnとして，
$$t_B = M/(dM/dt) = a^3/(4\pi G^2 \rho M)$$
$$= 4.60 \times 10^4 \text{年} \left(\frac{n}{10^4/\text{cm}^3}\right)^{-1} \left(\frac{M}{10\text{太陽質量}}\right)^{-1} \left(\frac{a}{0.3\text{km}/\text{s}}\right)^3$$
となる．

　また上の質量降着率の式は，ブラックホールの質量Mの時間tに関する微分方程式になっている．この方程式を，$t=0$で$M=M_0$という初期条件で解くと，ブラックホールの質量Mは，
$$M = M_0/(1 - t/t_B)$$
のように時間の関数で表せる（このときのt_Bの値は，ブラックホールの初期質量M_0で見積ったもの）．すなわち，ボンヂ時間t_Bで，ブラックホールの質量は発散する．

数式コーナー

エディントン時間

ブラックホールの質量をM，降着ガスの光度をLとしよう．また重力と放射圧が等しくなるエディントン光度をL_E（$=4\pi cGMm_p/\sigma_T$；m_pは陽子の質量，σ_Tは電子のトムソン散乱断面積）とし，さらに，中心天体の光度Lをエディントン光度L_Eで割ったものを，中心天体の規格化光度Γと定義する（$\Gamma = L/L_E$）．このΓが1よりも小さければ／大きければ，重力の方が放射圧より強い／弱い．

中心天体が光っていて（外向きの）放射圧が無視できないときには，一般には，中心天体の質量が，

$$M \rightarrow M(1-\Gamma)$$

のように，規格化光度Γの分だけ見かけ上減少したように扱うことができる．重力だけで考えた通常のボンディ降着の質量降着率は，ブラックホールの質量の2乗に比例しているので，中心の天体の放射圧を考慮すると，"白い"ブラックホールへの質量降着率は，$(1-\Gamma)^2$だけ減少する．その結果，"白い"ブラックホールの成長時間は，$(1-\Gamma)^2$分の1に伸びることになる．

ほとんどエディントン光度で輝いているときには，エディントン光度で輝くために必要な質量降着率は，エネルギー変換効率をηとして，

$$dM/dt = L/(\eta c^2) = L_E/(\eta c^2)$$
$$= 4\pi GMm_p/(\eta c\sigma_T)$$

となる．この質量降着率dM/dtでブラックホール自身の質量Mを割ると，エディントン光度極限での，ブラックホールの成長のタイムスケールとして，

$$t_E = M/(dM/dt) = \eta c\sigma_T/(4\pi Gm_p)$$
$$= 4.5 \times 10^7 \text{年}(\eta/0.1)$$

が得られる．

また上の降着率の式を，$t=0$で$M=M_0$という初期条件で解くと，エディントン光度で輝いている"白い"ブラックホールの質量Mは，

$$M = M_0 \exp(t/t_E)$$

と表せる．

5.2 ブラックホールの成長

2) ホイル＝リットルトン降着体

ブラックホールなどの重力天体が，星間ガスや地球内部などの媒質中を，媒質に相対的な速度をもって運動しているとしよう．そのような状況で，重力天体にガスが落下する仕方は「ホイル＝リットルトン降着」として知られている（Hoyle, Lyttleton 1939）．

図5・6 ホイル＝リットルトン降着．

ブラックホールが星間ガスに対して相対的に動いていると，その重力によって周囲の物質を吸い込みながら運動していくので，ブラックホールの進行に従って，ブラックホールの軌道を取り囲む筒状の領域の物質がブラックホールに吸い込まれてしまう（図5・6）．この吸い込まれる筒状領域の半径は，「ホイル＝リットルトン降着半径」と呼ばれているが，ブラックホールに対するガスの重力エネルギーと運動エネルギーのバランスから決まる．さらに，このホイル＝リットルトン半径の断面を通過したガスが，最終的にブラックホールに落下することから，ガスの質量降着率を見積ることができ，その質量降着率でブラックホール自身の質量を割れば，もともとの質量と同じくらいの質量を吸い込む時間，いわゆる「成長時間」が得られる．この古典的なホイル＝リットルトン降着体の成長時間「ホイル＝リットルトン時間」は，星間分子雲に10太陽質量のブラックホールが毎秒10kmぐらいの速度で突っ込む状況では，1億年程度になる．実際には，もっと早くに分子雲を突き抜けてしまうだろうが，分子雲中で軌道運動していれば，長期間にわたって，分子雲中にとどまることもあり得るかもしれない．

またホイル＝リットルトン降着の方程式を解析的に解くと，ホイル＝リットルトン降着している"黒い"ブラックホールの質量は，ホイル＝リットルトン

時間の4分の1の時間で発散する（図5・7）.

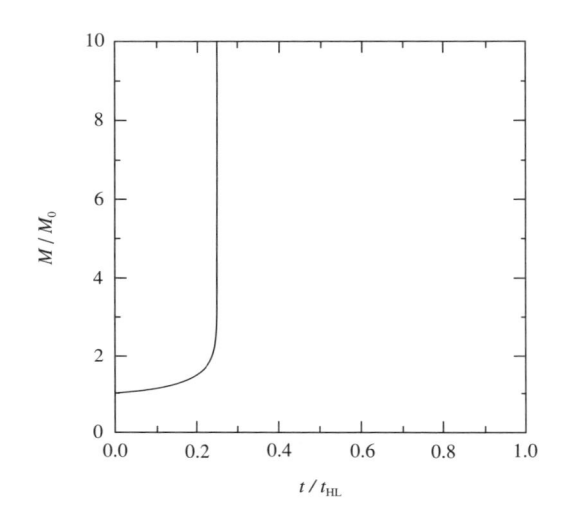

図5・7　ホイル＝リットルトン降着によるブラックホールの成長.

ホイル＝リットルトン降着の場合でも，ブラックホール周辺が光っていると降着率などは影響を受けるが，ボンヂ降着と似たような話なので，省略する．降着円盤からの質量降着は，2章などを参照されたい．

3）ブラックホールシンドローム

地球内部に侵入したマイクロ（ミニ）ブラックホールが，地球物質を吸い込んで，地球の中心へ沈降する現象を，ここでは「ブラックホールシンドローム」と呼んでいる．

さて，地球内部を通過するブラックホールは，上記のホイル＝リットルトン降着過程によって成長する．降着体の質量Mがマイクロブラックホールの典型的な質量である10億トンで速度Vが地球の脱出速度程度の10 km／sだと，降着半径はたった1万分の1 cmしかない．さらに質量降着率は毎秒0.3 gぐらいになる．このときの成長時間は約1億年になる．一方，降着体がエディントン光度極限で光っているとすると（上の例だと，毎秒0.7 gぐらいの物質を吸い込めばエディントン光度で輝くことができる），エディントン成長時間は5千万年弱になる．

5.2 ブラックホールの成長

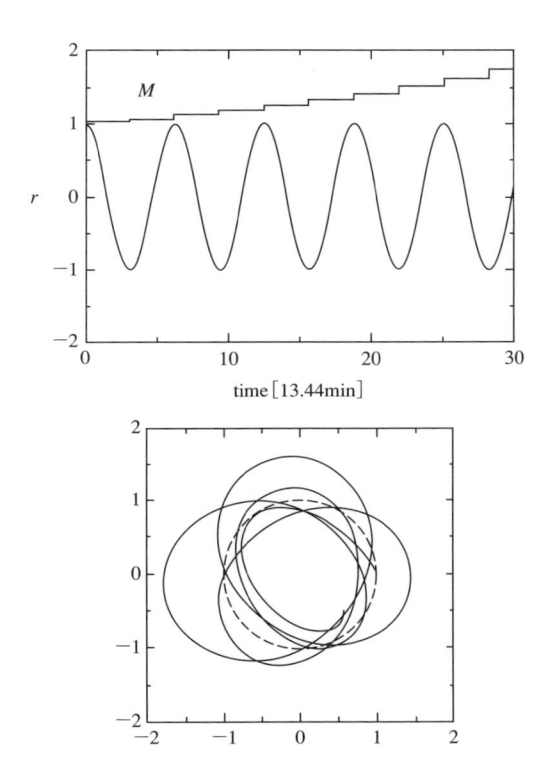

図5・8 光っていない"黒い"ブラックホールの運動.

　以上のような，地球内部を運動する"黒い"ブラックホールと"白い"ブラックホールの典型的な計算例を図5・8と図5・9に示す．

　図5・8上は，"黒い"ブラックホールを地表からポトリと落としたケースである．横軸は無次元化した時間（1メモリが13.44分）で，縦軸は初期質量を単位にした質量Mと地球半径で無次元化した半径rである．ブラックホールの初期質量は地球質量の1万分の1で，初速度は動径速度も回転速度も共に0である．図でブラックホールの位置rの正弦曲線を見ると，"黒い"ブラックホールは，rに比例する地球重力のもとで，地球内部を半径方向にほぼ単振動して

101

いることがわかる．初期質量が地球質量の1万分の1ぐらいだと，運動はほとんど減衰しない．すなわち，動径方向に落とした"黒い"ブラックホールは，振幅が少しずつ減衰する単振動的な運動をしながら，次第に地球中心に沈降していく．面白いのは，質量の増加の仕方である．図を見ると，質量Mが階段状に増加していることがわかる．増加の位置をよく見ると，$r=\pm1$の地点（地表）に一致している．地球内部で単振動的な運動をしている"黒い"ブラックホールは，大部分の領域で速度が10km／s程度と高速なため，ホイル＝リットルトン質量降着率が非常に小さい（したがって質量は一定）．しかし地表近傍では速度が0になるため，質量降着率が一時的に増加して，そこで質量が階段状に増えているのである．

　図5・8下は，"黒い"ブラックホールが地表（破線で表した円）から斜めの方向に飛び込んできたケースである．ブラックホールの初期質量は地球質量の100分の1で，動径速度はケプラー速度の半分，回転速度はケプラー速度である．矢印の位置から地球内部に突入してきた"黒い"ブラックホールは，地球内部ではrに比例する地球重力のもとで"抵抗"を受けながら減衰運動を行い，地球外部に突き抜けたら，地球外部では抵抗のない通常のニュートン重力のもとでの楕円軌道を描き，そして再び地球内部に飛び込むという運動を繰り返しながら，次第にその軌道を減衰させていく．初速度や初期質量によっては，宇宙の彼方から飛び込んできた"黒い"ブラックホールが，地球を突き抜けた後，速度を少し減じて宇宙の彼方に飛び去っていく場合もある．

　一方，図5・9上は，"白い"ブラックホールを地表からポトリと落としたケースである．横軸は無次元化した時間（1メモリが13.44分）で，縦軸は地球半径で無次元化した半径rとエディントン光度を単位とした規格化光度Γである．ブラックホールの初期質量は，地球質量で無次元化した値が，10^{-10}（破線），1.672×10^{-13}（実線；具体的には，マイクロブラックホールの10^{15}gに相当する），10^{-15}（点線）で，初速度は動径速度も回転速度も共に0である．図でブラックホールの位置rを見ると，"白い"ブラックホールもほとんど減衰せずに単振動していることがわかる．一方，この"白い"ブラックホールの明るさ（規格化光度Γ）の変化の仕方は，ブラックホールの初期質量に依存する．図から見て取れるように，初期質量が大きい（破線）と，Γは概ね1程

5.2 ブラックホールの成長

度になる.すなわち,初期質量の大きな"白い"ブラックホールは,ほぼエディントン光度で輝きながら地球内部を往復運動する.逆に,初期質量が十分小さい(点線)と,Γは0と1の間で大きく変動する.すなわち,初期質量の小さな"白い"ブラックホールは,速度が大きくて物質を十分吸い込めない地球深部では,光らずに"黒く"なるが,速度が小さくなり物質を十分吸い込める地表近傍では急激に増光しエディントン光度程度で輝くのだ.質量降着率が中程度(実線;マイクロブラックホール程度)だと,"白い"ブラックホールは適度に輝く.

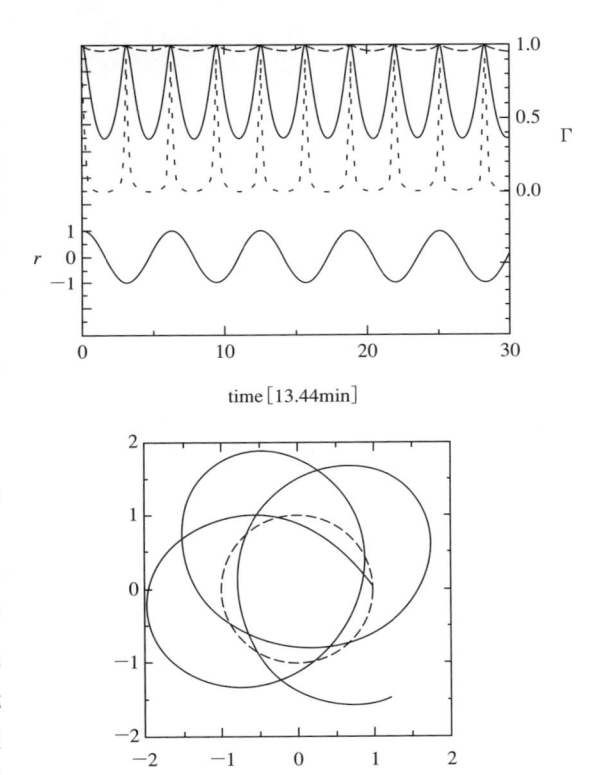

図5・9 エディントン降着しながら光っている"白い"ブラックホールの運動.

図5・9下は,"白い"ブラックホールが地表(破線で表した円)から斜めの方向に飛び込んできたケースである.ブラックホールの初期質量は十分小さく,動径速度はケプラー速度の半分,回転速度はケプラー速度である.地球内部では重力がrに比例するために,きれいな楕円軌道ではなくなるが,この場合も,放射圧によって降着率が減じるため,やはり軌道の減衰はほとんどない.

数式コーナー

ホイル＝リットルトン時間

　質量 M のブラックホールが，密度 ρ の媒質中を，速度 v で動いているとしよう．ブラックホールは"黒い"とする．

　ブラックホールの進行に従って，物質がブラックホールに吸い込まれてしまう筒状領域の半径 r_{HL} は，「ホイル＝リットルトン降着半径」と呼ばれているが，ブラックホールに対するガスの重力エネルギーと運動エネルギーのバランスから決まり，

$$r_{\mathrm{HL}} = 2GM/v^2$$

で与えられる．このホイル＝リットルトン半径の断面を通過したガスが，最終的にブラックホールに落下するので，ガスの質量降着率 dM/dt は，

$$dM/dt = \pi r_{\mathrm{HL}}^2 \rho v = 4\pi G^2 M^2 \rho / v^3$$

となる．

　この質量降着率でブラックホール自身の質量を割れば，「成長時間」が得られる．すなわち「ホイル＝リットルトン時間」は，

$$t_{\mathrm{HL}} = M/(dM/dt) = v^3/(4\pi G^2 M \rho)$$

$$= 1.70 \times 10^8 \text{年} \left(\frac{n}{10^5/\mathrm{cm}^3}\right)^{-1} \left(\frac{M}{10\text{太陽質量}}\right)^{-1} \left(\frac{v}{10\mathrm{km/s}}\right)^3$$

になる．2 行目の数値は，星間分子雲での典型的な値を代入したものである．

　また上の質量降着率の式は，ブラックホールの質量 M の時間 t に関する微分方程式になっているが，速度 v も変数になっている．そこで，降着率の式と運動量保存の式（$Mv=$ 一定）を連立させると，質量 M と速度 v が同時に解ける．初期条件として，$t=0$ で $M=M_0$，$v=v_0$ とすると，ブラックホールの質量 M は，

$$M = M_0/(1-4t/t_{\mathrm{HL}})^{1/4}$$

と表せる（ここでの t_{HL} は，質量や速度は初期質量 M_0 と初期速度 v_0 で評価したもの）．ブラックホールの質量は，ホイル＝リットルトン時間 t_{HL} の 4 分の 1 で発散する．

5.3 ブラックホールの蒸発

　前節では，ブラックホールの質量獲得（質量増加）のプロセスについてまとめたが，ブラックホールの質量が減少するプロセスとしては，ホーキング放射に伴うブラックホールの蒸発が知られている．ブラックホールの蒸発は，質量の小さいマイクロブラックホール以外では無視できるものだが，その点も含め，ここでまとめておこう．

1）量子的真空

　量子力学では，"真空"は何もないカラッポの空間ではなく，量子力学的な揺らぎに満ちた空間で，電子と陽電子のような，粒子とその反粒子－粒子対－が生成消滅を繰り返している（図5・10）．これらの粒子対は，生まれたと思ったら即座に（10^{-44}秒後ぐらい）対消滅するので，「仮想粒子対」と呼ばれる．物理の根本原理である「エネルギー保存則」を破る現象だが，仮想粒子対がこの世に存在するのはほんの一瞬なので，物理の神様もお目こぼしをしてくれるようだ．エネルギー的な言い方をすると，仮想粒子対は「真空」からエネルギーを少しだけ借りてこの世に出現し，消滅するときに借りていたエネルギーを

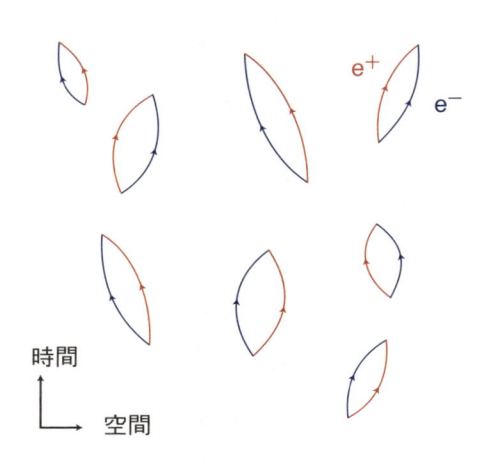

図5・10　量子力学的な"真空"．
電子（e^-）と陽電子（e^+）が生成消滅を繰り返している．

真空に戻すので,差し引き0になるわけである.

2) ホーキング放射

ところで,ブラックホールの事象の地平面のすぐそばで,このような仮想粒子対の対生成が起こったらどうなるのだろう.粒子対の両方が地平面から脱出するなら次の瞬間には対消滅するし,逆に両方がブラックホールに飛び込むならそれでもいいが,問題は,粒子対の片方がブラックホールに落下し他方がブラックホールから脱出した場合だ(図5・11).これを遠方から観測すると,まるでブラックホールから粒子が出てきたように見えるだろう.事象の地平面によって仮想粒子対が無理やり切り離されてしまい,粒子が顕在化すると,さすがに物理の神様も目を瞑るわけにはいかない.実在化した粒子のエネルギーの分だけ,どっかで帳尻を合わせないといけない.というわけで,ブラックホールが潮汐力で仕事をして粒子を生んだことになる.仕事をした分,ブラックホールのエネルギーは減るのだが,エネルギーが減るということは質量が減ることと同じなので,結局は,実在化した粒子のエネルギーに相当する質量分だけ,ブラックホールの質量が減少して,すべての帳尻が合わせられるのだ.

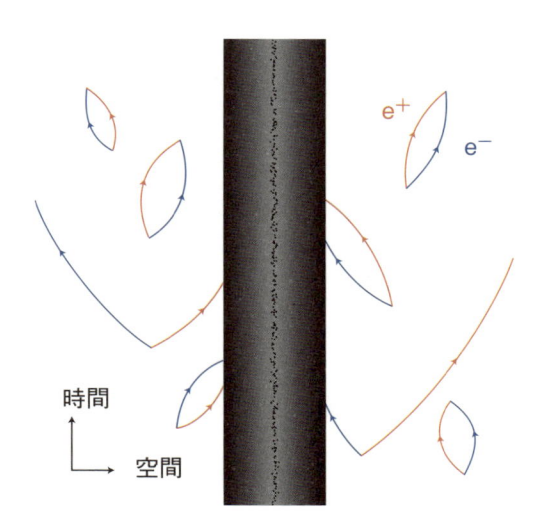

図5・11 ブラックホールのそばの"真空".
仮想粒子対の片方がブラックホールに吸い込まれ,もう一方が逃げていくことが起こる.

5.3　ブラックホールの蒸発

　量子力学によるブラックホールからの粒子発生のメカニズムを最初に研究したのは，ヤコフ・ゼルドヴィッチとアレックス・スタロビンスキーで（1973年），彼らは自転しているカー・ホールの自転エネルギーを取り出すメカニズムとして提案した．その後，ホーキングがきちんと調べたところ，自転していないブラックホールでも粒子発生が起こることがわかり，しかもその結果，ブラックホールの質量が減少することがわかった．そこで，この現象は「ブラックホールの蒸発」と呼ばれている．さらに，発生する粒子のエネルギー分布が，ブラックホールの質量によって決まる温度の黒体放射スペクトルになることもわかった（この温度は「ブラックホールの温度」と解釈されている）．そこで今日，このようなブラックホールの蒸発を引き起こすプロセスを「ホーキング放射」と呼んでいる．

　このホーキング放射によってブラックホールが完全に蒸発する時間は，ブラックホールの質量の3乗に比例するが，基本的には非常に長い（図5・12）．具体的には，10億トン（半径1kmの小惑星の質量とだいたい同じ）ぐらいのブラックホールの蒸発時間が宇宙年齢ぐらいで，太陽質量程度のブラックホールでは蒸発時間はあまりにも長く，ブラックホールの蒸発現象は無視していい．

　またホーキング放射を考えたときのブラックホールの"表面温度"は，ブラックホールの質量に反比例するが，基本的には非常に低い（図5・13）．太陽程度の質量のブラックホールでは，1億分の1Kぐらいしかないので，ほぼ絶対零度ぐらいだと考えてよい．すなわち，ホーキング放射をしていても，ふつうのブラックホールは，やはり"黒い"のである．

　ブラックホールの質量が小さくなると蒸発過程は激しくなり，最後はガンマ線を放射しながら劇的に進行する（図5・14）．

CHAPTER5　ブラックホールの一生

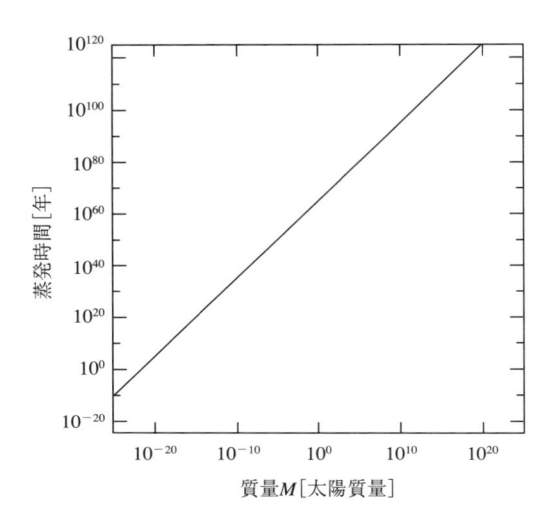

図5・12　ブラックホールの蒸発時間.

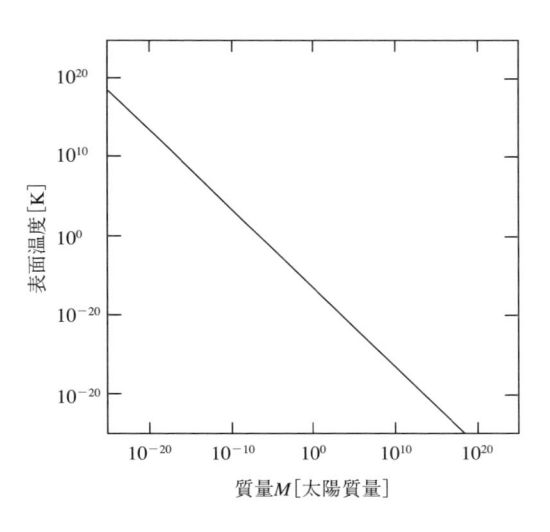

図5・13　ブラックホールの温度.

5.3 ブラックホールの蒸発

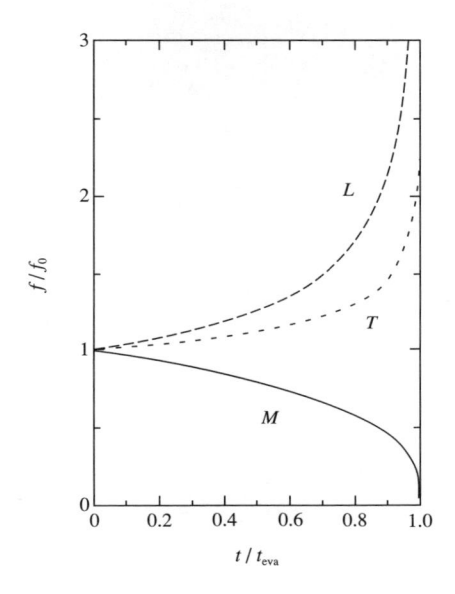

図 5・14 ブラックホールの蒸発.
質量 M と表面温度 T とホーキング放射 L の変化を表したもの.

数式コーナー

ホーキング放射

　ホーキング放射やブラックホールの温度を表す式だが，これがどこにも書いてありそうで，案外と書かれていない．簡単にまとめておこう．

　質量Mのブラックホールがホーキング放射によって，温度Tの黒体放射スペクトルで粒子を放射しているとする．このときブラックホールの温度Tは，hをプランク定数（$=6.63\times10^{-34}$Js），kをボルツマン定数（$=1.38\times10^{-23}$J／K）として，

$$T=(h/2\pi)\,c^3/(8\pi GkM)$$
$$=6.19\times10^{-8}\text{K}\;(M/\text{太陽質量})^{-1}$$

で与えられる．太陽質量程度のブラックホールだと，きわめて"低温"で，事実上，ブラックホールの温度は無視して構わない．しかし，例えば小惑星程度の質量（10億トン）のブラックホールだと1200億K，1トンだと1億×1兆Kにもなるのだ．

　また，ステファン・ボルツマンの法則，すなわち半径Rで温度Tの星の光度Lは，ステファン・ボルツマンの定数をσ（$=5.67\times10^{-8}$Wm^{-2}K^{-4}）として，$L=4\pi R^2\sigma T^4$となる，という法則を適用すると，ホーキング放射の光度（エネルギー放射率）Lが求まる．ブラックホールの半径をシュバルツシルト半径r_g（$=2GM/c^2$）とすると，ホーキング放射の光度Lは，

$$L=4\pi r_\text{g}^2\sigma T^4$$
$$=16\pi G^2M^2\sigma T^4/c^4$$

となる．上の温度の表式を入れて，具体的な数値を当てはめると，

$$L=9.07\times10^{-29}\text{W}\;(M/\text{太陽質量})^{-2}$$

となる．やはり太陽質量程度のブラックホールだとホーキング放射は非常に小さいが，10億トンのミニブラックホールだと4億Wぐらいに，1トンだと瞬間的には4×10^{26}Wにもなる．

数式コーナー

ホーキング時間

ホーキング放射の分だけブラックホールのエネルギー E は減少するので，ブラックホールのエネルギーの減少率 dE/dt は，

$$dE/dt = -L$$

となる．さらにブラックホールのエネルギー E と質量 M の間には，$E = Mc^2$ の関係が成り立つので，結局，ブラックホールの質量の減少率として，

$$\begin{aligned} dM/dt &= (1/c^2)\,dE/dt = -L/c^2 \\ &= -16\pi G^2 M^2 \sigma T^4/c^6 \\ &= -4.0 \times 10^{24} \mathrm{g/s}\,(M/1\mathrm{g})^{-2} \end{aligned}$$

が得られる．

この質量の"減少率"から，ブラックホールの蒸発のタイムスケール t_{eva} として，

$$\begin{aligned} t_{\mathrm{eva}} &= M/|dM/dt| = (M/1\mathrm{g})^3 \mathrm{s}/4.0 \times 10^{24} \\ &= 8.0 \times 10^{12} \text{年}\,(M/10\text{億トン})^3 \\ &= 6.2 \times 10^{67} \text{年}\,(M/\text{太陽質量})^3 \end{aligned}$$

が得られる．太陽質量程度のブラックホールでは，蒸発時間はあまりにも長く，ブラックホールの蒸発現象は無視していい．

上の質量の減少率の式を時間について積分すると，時間の関数としてブラックホールの質量が得られるが，$t = 0$ で $M = M_0$ という初期条件で解くと，

$$M/M_0 = (1 - t/t_{\mathrm{H}})^{1/3}$$

となる（図5・14）．ただし，$t_{\mathrm{H}} = t_{\mathrm{eva}}/3$ と置いた．

量子過程に伴う蒸発によって，有限の時間 t_{H}（「ホーキング時間」）で，ブラックホールは蒸発してしまう．

CHAPTER5 ブラックホールの一生

3) ブラックホールの質量平衡

　以上述べたように，ブラックホールはガスなどを吸収して成長する一方，ホーキング放射によって蒸発する．通常はこれらのプロセスのどちらかが卓越しているが，非常に特殊な状況では両者が釣り合った状態を考えることができるだろう．ガス降着によるブラックホールの質量増加率とホーキング放射によるブラックホールの蒸発率が等しいとき，ブラックホールの質量は時間的に変化しない．これを「質量平衡」と呼ぼう．

　ブラックホールが質量平衡にあるとき，ブラックホールから放射される全放射光度（パワー）は，降着ガスの静止質量エネルギーそのものになる．これは当然の結果で，ブラックホールの質量が変化しないという条件を課した以上，ブラックホールに落下した質量の分だけは，（落下エネルギーを光に変換したのでも，ホーキング放射でも何でもいいが）とにかく外界に放射しないといけないわけだ．

　また，このような質量平衡を達成するための手段であるが，一般的には，（ホーキング放射を決める）ブラックホールの質量とガス降着率を上手にチューニングすればよい．しかし，いったんブラックホールの質量を決めた後は，（ブラックホールの質量によって決まる）ホーキング放射はコントロールできないので，実際問題としては，質量降着率をチューニングすることになるだろう．

　その他，ブラックホールの蒸発に絡んでは，ブラックホールの温度と熱力学などの問題もあるが，ここでは省略する．

数式コーナー

質量平衡条件

　質量Mのブラックホール（量子ブラックホール）に対し，遠方で観測してN［kg／s］の割合でガスが降着しているとしよう．またブラックホールは，同時にホーキング放射により，L_h［W］でエネルギーを放射しているとする．降着するガスのうち，1割程度は光になって遠方に放射されるが，その変換効率をη（〜0.1）としよう．

　このとき，ブラックホールから放射される全エネルギー放射率いわば光度Lは，降着ガスのうち光に変換された分とホーキング放射の分を合わせて，

$$L = \eta Nc^2 + L_h$$

である．

　一方，ブラックホールの質量増加率$dM／dt$は，降着してきたガスのうち光に変わって放射された分を除いた残りと，ホーキング放射に伴う質量減少を合わせたものなので，

$$dM／dt = (1-\eta)N - L_h／c^2$$

となる．この式で，時間的に定常な平衡状態を仮定すると，

$$0 = (1-\eta)N - L_h／c^2$$

となり，上の光度の式に代入すると，結局，

$$L = Nc^2$$

が得られる．すなわち，ブラックホールから放射される全放射光度（パワー）は，降着ガスの静止質量エネルギーそのものになる．

　また，ホーキング放射はコントロールできないので，質量平衡を維持するためには，質量降着率Nをチューニングする必要がある．すなわち，L_hの強さのホーキング放射をしているブラックホールに対しては，

$$N = L_h／(1-\eta)c^2$$

の割合でガスを降り注げば，平衡状態が維持できることがわかる．

● COLUMN 6 ●

ブラックホールの生涯

　ブラックホールが誕生した後の進化には，"蒸発"と"成長"という，両極端な2つの方向がある．では，質量の大きな星の死と共に誕生するふつうのブラックホールの場合は，どんな一生を送るのだろうか？　はくちょう座X-1などに代表される，ブラックホールと比較的質量の大きな星からなる連星系の場合で考えてみよう（もちろん，ブラックホールが誕生する際の超新星爆発で，連星系が壊れずに生き延びなければならない）．

　ブラックホールが誕生した後，何百万年か経つうちに，相手の星も進化して膨らむ．そうすると，ブラックホールは相手の星の外層大気をはぎ取って吸い込み，次第に成長していく．ブラックホールが相手の星を吸い込んでいる間は，吸い込まれる途中にブラックホールの周辺で高温になったガスのために，きわめて激しい活動が起こっている．はくちょう座X-1など，ブラックホールを含むX線星は，みなこの時期の天体で，この時期が，ブラックホールにとっては，最も華やかな時期だと言えるだろう．

　やがて相手の星は吸い尽くされてしまい，後には，だいたい相手の星の質量分だけ重たくなったブラックホールが残るだろう．その後は，基本的には成長はストップする．もちろん僅かに存在する星間ガスを少しずつ吸い込んだり，ときには他の星やブラックホールと出会ってそれらを食べたりして少しだけ太ることもあるかもしれないが，いずれはまわりに吸い込む物質もなくなり，長い年月にわたり変化は起こらなくなる．そして膨張宇宙が未来永劫続くのなら，遥かな，ほんとに遥かな未来に，いずれは蒸発する運命にある．

● COLUMN 7 ●

ブラックホールシンドローム裏話

　いろいろなSFで地球の内部にマイクロ（ミニ）ブラックホールが落ち込む話が出てくる（プロイス『破局のシンメトリー』，ホイーラー『ブラックホールを破壊せよ』，ブリン『ガイア』など）．そのような地球内部に潜り込んだブラックホールが実際にはどうなるのかが気になり，随分前に，マイクロブラックホールの振る舞いを定量的に調べたことがある（福江1993，1994）．この解析は，その後，専門的な論文にスピンオフし，銀河系中心領域に存在する巨大な分子雲とブラックホールが衝突したときのブラックホールの運命を論じることになった（Fukue 1994）．

　こうしてフィードバックループが一度回ったのだが，最初の議論では，ブラックホールが光り輝く効果は考えていなかった．すなわち，いわば"黒い"ブラックホール降着体を扱っていた．しかし，星間雲にせよ地球内部にせよ，ブラックホールが物質を吸い込むと，一般には，吸い込んだ物質の量に応じて，ブラックホールがエネルギー放射をして光り輝くようになる（ブラックホールは"白く"なる）．そしてその光の圧力のために，ブラックホールの重力が相殺されて，ブラックホールが吸い込める物質量が減ると予想されるのだ．

　このようなブラックホールが光り輝く効果がかなり重要であると認識するようになってきたので，ごく最近，ブラックホールが光り輝く効果を取り入れて，以前行った星間雲などの天体とブラックホールの衝突の再検討を行った（Fukue 1999）．その結果，降着物質のエネルギー解放によってブラックホールが光り輝いている場合には，ブラックホールがストップするまでの時間は，ブラックホールの質量などによらず，いわゆるエディントン時間（エネルギーの変換効率を0.1として，たいだい5千万年ぐらい）になることがわかった．

　そこで今度は，このような専門的な結果を地球内部のブラックホールの振る舞いに再度フィードバックし，地球物質を吸い込んで光り輝く"白い"

ブラックホールの運動を再検討したのである（福江２０００）．結果は，だいたい予想できるように，"白い"ブラックホールは，その質量に関係なく，一般的に地球の中を１千万年ぐらい行ったり来たりしながらシンドロームしていく．こうしてフィードバックループの２回目が閉じた．

CHAPTER 6
ブラックホールの渦動

　いままでは，ものごとをできるだけ簡単にするために，静的で球対称なシュバルツシルト・ブラックホールを念頭に置いて，ブラックホール宇宙物理を考えてきた．ブラックホールが自転していると，さらに変わった様相を示す．本章では，自転しているカー・ブラックホールを取り上げよう．

6.1　カー時空

　ブラックホールには毛が"3本しか"ない．すなわち，ホイーラー（J.A. Wheeler）の毛なし定理（おばQ定理）では，ブラックホールの物理的属性としては，質量・電荷・角運動量の3種類しかないと考えられている．ただし，このうちの電荷に関しては，例えばプラスに帯電したブラックホールはマイナスに帯電したプラズマ粒子を引き寄せやすいので，仮に帯電しても中性化してしまう傾向がある．そのため，ミニブラックホールや特別な状況を除いて，宇宙に存在する通常のブラックホールでは電荷はほとんど無視できると考えられている．一方，天体はしばしば自転しており，ブラックホールになる前の星も回転しているのがふつうなので，ブラックホール自体も角運動量をもって自転しているのは自然な姿である．そのような自転しているブラックホールを「カー・ブラックホール」，カー・ブラックホールの作る重力場を「カー時空」と呼んでいる．

1） 時空のひきずり

　静的なブラックホールが時空に与える影響は質量に伴う歪みだけだったが，ブラックホールが自転していると，周囲の時空は質量による歪みに加え，自転に伴う歪みも受ける．誤解を恐れずに言えば，周囲の時空もカー・ホールと共に回転するのである．あるいは，ブラックホールを滝壺，時空を滝壺に流れ込む河に例えると，ブラックホールを取り巻く滝は，同時に，ブラックホールの

CHAPTER6 ブラックホールの渦動

まわりの大渦巻きになっているのである．

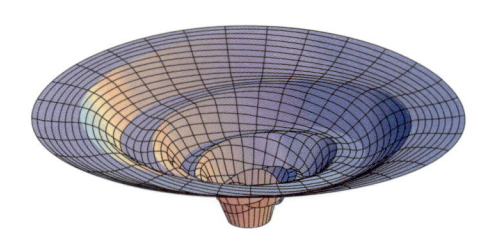

図6・1 カー・ホールのイメージ．

　質量だけをもった静的なシュバルツシルト・ホールのまわりで，最も自然なシステムは，重力を感じない自由落下系だった．同じような考えから，質量と角運動量をもって自転しているカー・ホールのまわりで，自然なシステム，すなわち重力などの力を感じないシステムは，カー・ホールに自由落下しつつ，カー・ホールのまわりを回転しているシステムになる（図6・2）．もしカー・ホールの上空で，無理やり静止したとする．そのとき観測者は，まずカー・ホー

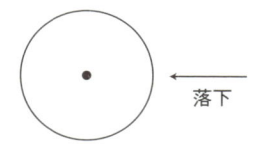

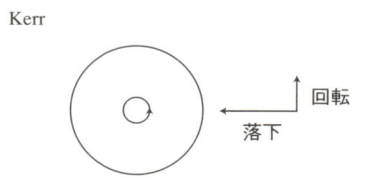

図6・2 "自由落下系"．

6.1 カー時空

ルに引き寄せられる重力を感じるだろう．これはシュバルツシルト・ホールの場合と同じだ．さらに加えて，観測者は，カー・ホールの回転方向への力も感じるのである．言い換えれば，カー・ホールの近傍にポンと置かれた粒子は，カー・ホールに落下し始めると同時に，カー・ホールの回転方向に回りだすのである．このようなカー・ホールのまわりの時空の回転効果を，「時空のひきずり」と呼んでいる．

2）カー時空のスピン

カー時空の回転を表すスピンパラメータという量について触れておこう．

自転している物体は，コマであれ，フィギアスケーターであれ，地球であれ，回転の勢いである角運動量をもっている．物体全体の角運動量（全角運動量J）で考えることもあれば，全角運動量を物体の質量Mで割った，単位質量あたりの角運動量J/M（比角運動量）を使うこともある．自転している質量Mのカー・ホールについても，とりあえず，全角運動量J（あるいは比角運動量J/M）を与えよう．

カー・ホールの角運動量は，星などから生まれたときに，もとの物質の角運動量を引き継いでいる場合もあれば，最初はシュバルツシルト・ホールとして生まれた後に，降着円盤などから吸い込んだガスの角運動量をもらう場合もある．したがって，質量と同様に角運動量も時間と共に変化することはあるが，ただし，質量と異なり，角運動量にはある"上限"が存在する．

例えば，自転している星でも，回転を無理やり上げていけば，いずれ遠心力が重力を超えて星は分裂してしまうだろう．すなわち，星の回転にもある上限がある．カー・ホールの場合は，分裂などということこそないが，無理やり自転を上げていけば，カー・ホールの外側に特異点が現れるという困った自体が生じてしまう．したがって，宇宙の検閲官によって，カー・ホールの角運動量は，そのような困ったことが起こらない範囲に抑えられているというわけだ．そのような最大状態で自転しているカー・ホールを「極限カー・ホール」と言うことがある．

このカー・ホールの角運動量には上限があるということを踏まえて，カー・ホールの自転の程度を示す量として，カー・ホールの角運動量をその上限値で割ったものを考える．それを「スピンパラメータ」と呼び，a_*で表す．スピンパ

ラメータ a_* は,その定義から,0（自転していない）と 1（最大に自転している）の間の値を取ることは明らかだ.

カー・ホールの自転に依存する性質は,このスピンパラメータによって一意的に表すことができる.例えば,ブラックホールの回転の角速度,すなわちブラックホールのすぐそばでの時空が引きずられる角速度を,スピンパラメータの関数として表すことができる（図6・3）.スピンパラメータが 1 に近づくと,ブラックホールの自転角速度は急増し,スピンパラメータが 1 では,（シュバルツシルト半径を光速で割った時間で測った）自転角速度も 1 になる.これはブラックホールが光速で回転していることを意味するので,スピンパラメータが 1 を超えると,ブラックホールの回転も光速を超え,変なことが起こるのも何となくわかるだろう.

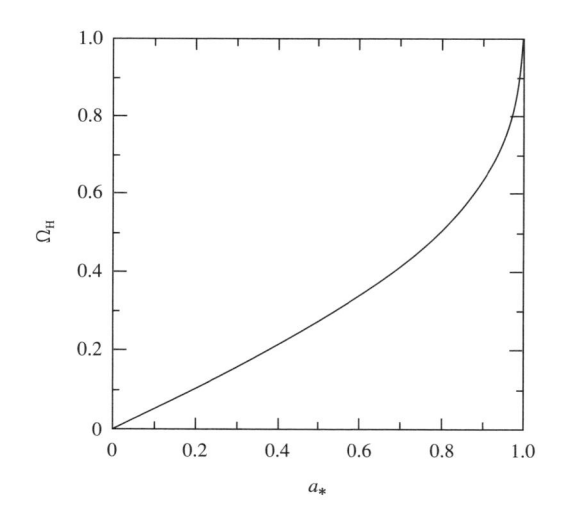

図6・3　ブラックホールの自転角速度.
横軸はスピンパラメータで,縦軸は適当な単位を取ったカー・ホールの自転角速度を表している.

数式コーナー

カー・ホールの諸量1

カー・ホールの質量を M，全角運動量を J と置く．このとき，カー・ホールが取りうる角運動量の最大値は，

$$J_{max} = GM^2 / c$$

になる．またスピンパラメータ a_* は，

$$a_* = J / J_{max} = (c / GM^2) J$$

で定義される．条件から，$0 \leq J \leq J_{max}$ なので，$0 \leq a_* \leq 1$ となる．

カー・ホールの回転の角速度，すなわちカー・ホールのすぐそばの時空の引きずりの角速度を Ω_H と置く．このカー・ホールの角速度は，スピンパラメータの関数として，

$$\frac{\Omega_H}{(c/r_g)} = \frac{a_*}{1 + \sqrt{1 - a_*^2}}$$

のように表すことができる．この回転角速度でカー・ホールのまわりを回れば，カー・ホールの自転に伴う効果は感じない．

カー・ホールの地平面の半径 r_H は，

$$r_H = \frac{r_g}{2}(1 + \sqrt{1 - a_*^2})$$

となる．スピンパラメータが大きいと地平面の半径は小さくなる．

カー・ホールの静止限界の半径 r_E は，

$$r_E = \frac{r_g}{2}(1 + \sqrt{1 - a_*^2 \cos^2 \theta})$$

となる．ただし，θ はカー・ホールの極から測った角度である．静止限界の半径は極角 θ に依存し，スピンパラメータが大きいと極の方からつぶれた形になる．

3）カー時空の構造

　静的なシュバルツシルト時空の構造には，ブラックホールの境界にあたる事象の地平面と中心の特異点しかなかったのに比べると，カー時空の構造はもう少し複雑である（図6・4）．

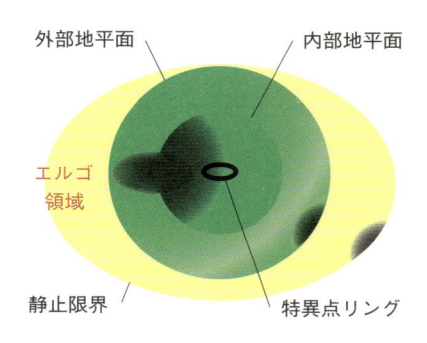

図6・4　カー時空の構造．

　まず一番外部には，カー・ホールの自転によって出現した「静止限界」がある．静止限界の外側でも内側でも，カー・ホールの自転による時空のひきずり効果によって，観測者は回転方向の力を受けることには変わりない．ただし，静止限界より外側では，逆噴射などによって原理的には回転方向の力に逆らうことができるが，静止限界より内側では，どんなに頑張っても無理で，必ずカー・ホールの自転方向にひきずられてしまうのだ．静止限界は，まさに，観測者が決して静止できなくなる限界なのである．

　静止限界の内側にはカー・ホールの地平面である「外部地平面」がある．これは，シュバルツシルト・ホールの事象の地平面に相当するもので，いったん外部地平面より内側に入ると，もう決して外には出てこられない．この外部地平面は，カー・ホールのスピンパラメータと共に減少し，極限カー・ホールでは，シュバルツシルト半径の半分になってしまう．

　カー・ホールの内部には，外部地平面のようなある種の特異性をもつ「内部地平面」と"特異点"がある．面白いのは，カー・ホールの"特異点"が，

6.1 カー時空

中心の"点"ではなくて,中心を取り巻く"リング状"になっていることだ.その意味では,「リング状特異性」とでも呼ぶべきだろう.

　カー・ホールの外部地平面は,スピンパラメータと共にその半径は小さくはなるが,半径一定の球状をしている.一方,静止限界は,球状ではなく,自転軸からの角度に依存する形状をしていて,赤道面では常にシュバルツシルト半径に等しいが,極方向ではスピンパラメータが増加するにつれてつぶれてくる.静止限界の半径と外部地平面の半径と形状を,スピンパラメータの関数として図6・5と図6・6に示しておく.

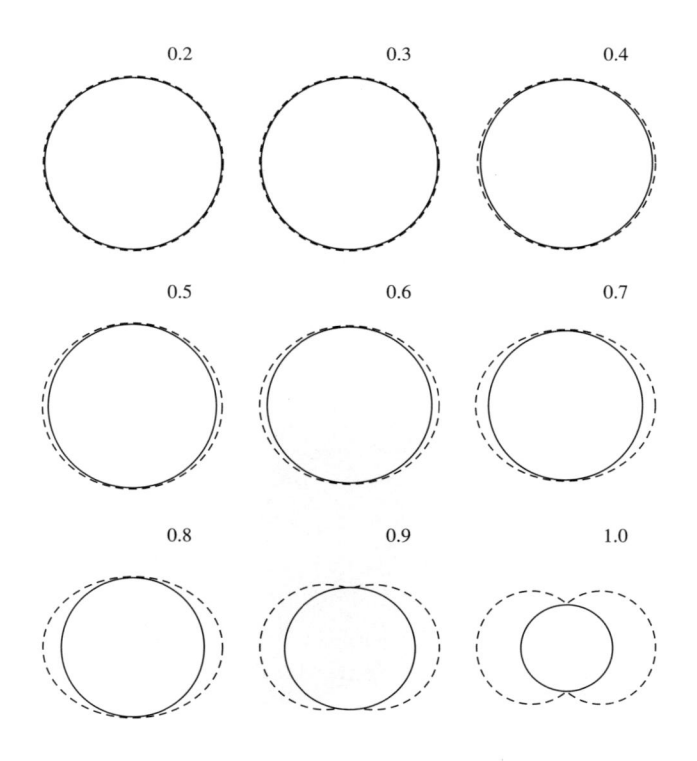

図6・5　静止限界（破線）と外部地平面（実線）の形状.
数値はスピンパラメータの値を示す.

CHAPTER6 ブラックホールの渦動

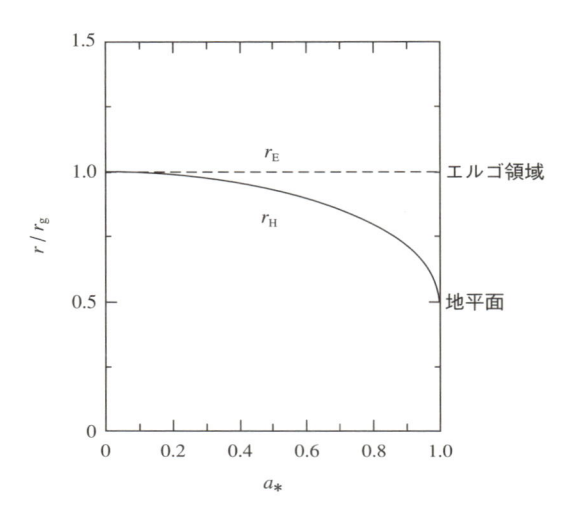

図6・6 静止限界と外部地平面の半径（赤道面内）.

外部地平面と静止限界の間の領域は，「エルゴ領域」と呼ばれている（図6・7）．エルゴとは"仕事"を意味するのだが，後に述べるように，エルゴ領域では，ブラックホールが外部に対して仕事をすることができるのである．

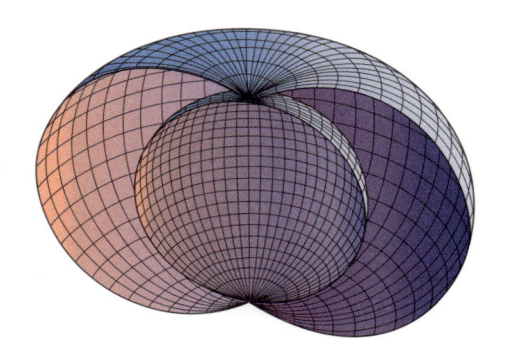

図6・7 エルゴ領域．
球状の外部地平面と上下につぶれた静止限界の間の空域をエルゴ領域と呼ぶ．図は，スピンパラメータ0.998の極限カー・ホールの場合．

6.2 渦動時空の性質

 ブラックホールが自転していると，質量をもった粒子の運動や光線の伝わり方なども影響を受ける．また重力エネルギーの解放なども変わる．興味深いことに，自転によって，ブラックホール時空はある点ではニュートン的な時空に近づくのである．

1) 力学的性質

 ニュートン時空に比べて，シュバルツシルト時空の重力場は，中心近傍でより重力が強くなっていた．一方，カー時空の場合，時空自体が回転しているために，いわば時空そのものの遠心力のようなものが存在することになる．その結果，重力自体はニュートン時空よりやはり少し強めなのだが，その効果を"遠心力"が相殺するような格好になって，シュバルツシルト時空ほどには強くならないのだ．すなわち，カー時空は，重力の強さに関する限りは，自転が増加するほどニュートン的になっていくのである．

 このことは，カー・ホールのまわりを円運動する粒子の角運動量（カー・ホール自体の角運動量 J ではない）を見るとよくわかる．いろいろなスピンパラメータに対して，カー・ホールの赤道面内を円運動する粒子の（単位質量あたりの）角運動量 l を，円軌道の半径 r の関数として描いたのが図6・8である．破線はニュートン力学の場合を表す．

 ニュートン力学では，軌道半径が小さくなるほど角運動量すなわち回転の勢いも小さくなり，またいくらでも小さな円軌道の半径が存在した．一方，シュバルツシルト・ホール（$a_* = 0$）の場合，全体としても重力が少し強いために，円運動するために必要な角運動量は，ニュートンの場合より少し大きかった．さらに，回転運動のエネルギーに等価な質量が存在するために，遠心力を大きくするつもりが，かえって重力を強めることになってしまい，ついには，シュバルツシルト半径の1.5倍より内側では，回転運動によって重力をバランスさせることができなくなってしまった．しかし，ブラックホールが自転していると，円運動するために必要な角運動量は，ニュートンの場合よりは大きいものの，シュバルツシルト・ホールの場合ほど大きくなくて済む．そしてスピンパラメータを大きくするほど，円運動するときの角運動量分布はニュートンの場合に近づいていくのだ．

CHAPTER6　ブラックホールの渦動

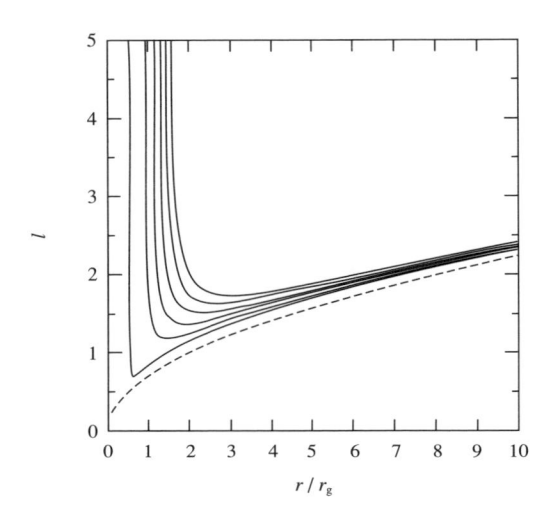

図6・8　円運動する粒子の角運動量.
実線はカー・ホールの場合で，スピンパラメータの値は，上から，0，0.2，0.4，0.6，0.8，0.998の場合を表す．また破線はニュートン力学の場合を表す．

　このような力学的な変化は，最終安定円軌道の半径にも反映される．ブラックホール時空では，相対論的な効果のために，円軌道が揺らぎに対して安定である最小の円軌道，すなわち「最終安定円軌道」が存在した．そしてシュバルツシルト時空の場合，最終安定円軌道の半径は$3r_g$だった．この半径より内側でも，原理的には円運動することは可能だが，ちょっとした揺らぎに対して不安定で，あっと言う間にブラックホールに落ち込んでしまうので，事実上は，この半径より内側では粒子は円運動できない．

　カー時空において，この最終安定円軌道の半径は，スピンパラメータの増加と共に減少する（図6・9）．これも自転と時空のひきずりの効果である．そして，極限カーホール（$a_* = 1$）では，カー・ホールの地平面の半径も，最終安定円軌道の半径も，共にシュバルツシルト半径の半分になるのだ．もっとも，これは粒子がカー・ホールの自転方向に公転している場合で，自転とは反対方向に公転している場合には，時空のひきずりがより効果的に働くために，最終安定円軌道の半径は大きくなる．

6.2 渦動時空の性質

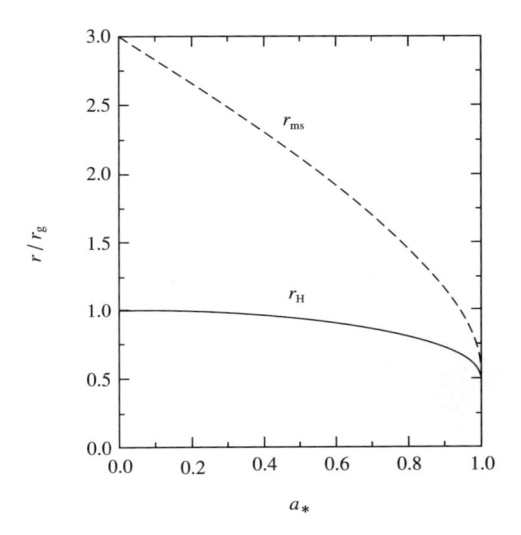

図6・9 最終安定円軌道半径.
最終安定円軌道の半径 r_{ms}（破線）も地平面の半径 r_{H}（実線）もスピンパラメータの増加と共に減少する.

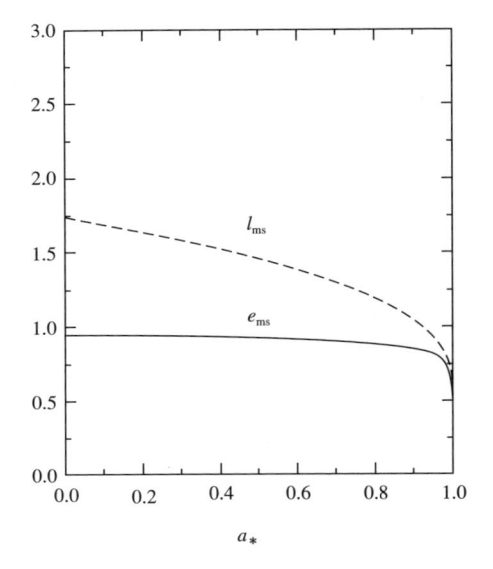

図6・10 最終安定円軌道での角運動量とエネルギー.
最終安定円軌道での比角運動量 l_{ms}（破線）も比エネルギー e_{ms}（実線）もスピンパラメータの増加と共に減少する.

なお，最終安定円軌道で円運動している粒子の角運動量とエネルギーも，スピンパラメータの関数として示しておく（図6・10）．

さて，以上のようなカー時空の赤道面内で粒子を落下させると，時空のひきずり効果があるために，最初の落下のさせ方が違っていても，ホールの地平面近くになるとカー・ホールの自転にひきずられて，最終的にはカー・ホールの自転方向に運動するようになる（図6・11）．

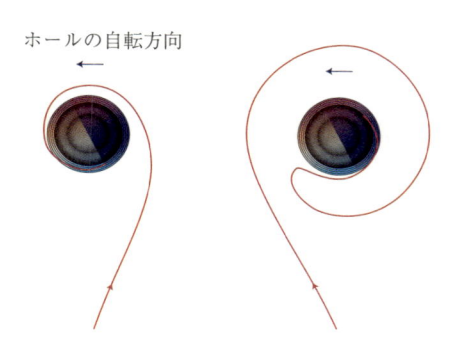

図6・11 カー時空のまわりの粒子の運動．
ホールの自転方向に落とした粒子も逆方向に落とした粒子も，地平面近くになると自転方向に運動するようになる．

2) エネルギー解放の効率

ガスのもっていた質量エネルギーのうち，ブラックホールに落下する間に放射などに変換されうる割合を，「エネルギー変換効率」と呼んだ．ブラックホールが自転していると，先に述べたように地平面の半径は小さくなる．質量は変わらないので，半径が小さくなるということは，無限遠からブラックホールの表面までの落差が大きくなるということになる．ということは，ブラックホールが自転している方が，エネルギー変換の効率は大きくなるということだ．

実際，円運動している場合には，無限遠から最終安定円軌道までの間に開放されうるエネルギーの割合が変換効率になるが，ブラックホールの自転が大きいほど最終安定円軌道の半径は小さいので変換効率も大きくなる．具体的には，シュバルツシルト・ホールではガスのもっているエネルギーの5.7％まで，カー・ホールでは最大42％まで，光などのエネルギーに変換できるのである．また一般のスピンパラメータに対しては，図6・12に変換効率を示しておく．なお，以上出てきた，最終安定円軌道に関連する数値を表6・1にまとめておく．

6.2 渦動時空の性質

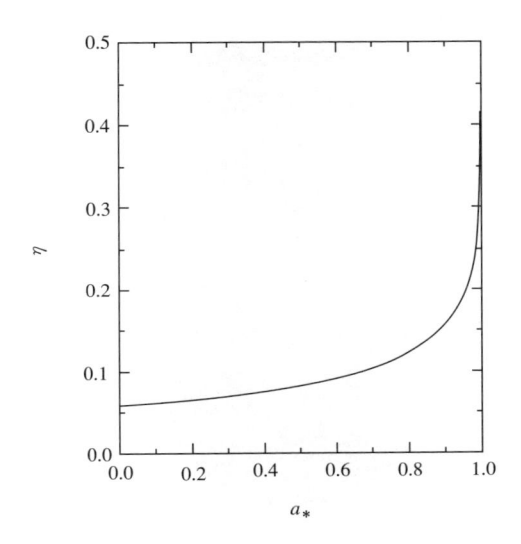

図6・12 エネルギー解放の効率.

表6・1 最終安定円軌道での諸量

		シュバルツシルト・ホール	極限カー・ホール
スピンパラメータ	a_*	0	1
最終安定円軌道の半径	r_{ms}/r_g	3	0.5
比エネルギー	e_{ms}/c^2	$\sqrt{(8/9)}$	$1/\sqrt{3}$
比角運動量	$l_{ms}/r_g c$	$\sqrt{3}$	$1/\sqrt{3}$
エネルギー変換効率	$1-e_{ms}/c^2$	0.057	0.420

3) 光学的性質

　カー時空の渦動は，光線の曲がりにも影響を及ぼす．すなわち，カー・ホールの近傍で発射された光線は，カー・ホールへ向けて落下すると同時に，カー・ホールの回転方向に偏向するのだ．カー・ホール近傍での光円錐の振る舞いを図6・13に示しておく．

CHAPTER6 ブラックホールの渦動

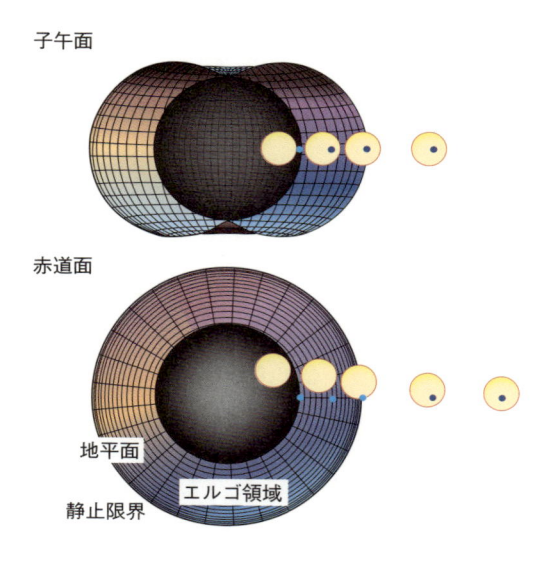

子午面

赤道面

地平面

エルゴ領域

静止限界

図6・13 光円錐の様子.

　また，ブラックホールの円周方向に発射した光が，ブラックホール時空の曲がりに沿って進み，ブラックホールのまわりを一周して，発射した場所に戻ってくる半径を「光子半径」と呼んだ．そしてシュバルツシルト時空では，光子半径は$1.5r_g$だった．カー時空の場合にも光子半径は存在する．ただし，カー時空の自転方向に光子を発射したときには，時空のひきずりによって光子が"落ちにくくなるので"，光子半径はスピンパラメータの増加と共に減少する．一方，自転と逆方向に光子を発射したときは，時空のひきずりが邪魔をして，光子半径は増加するのだ．その様子を図6・14に示しておく．

6.2 渦動時空の性質

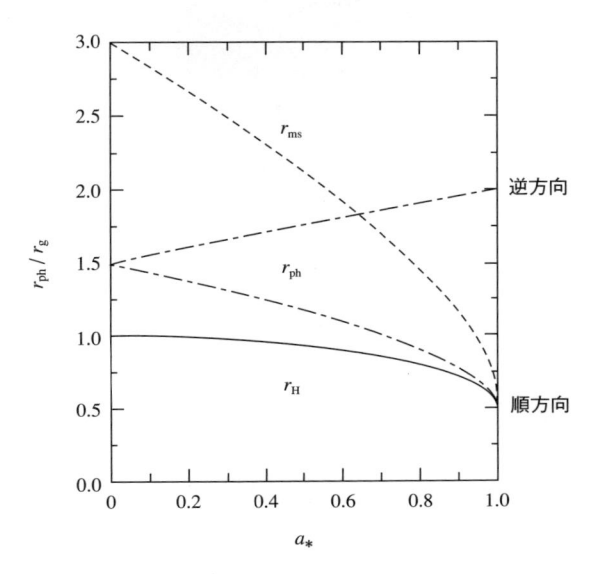

図6・14 光子半径.
横軸はスピンパラメータ $a*$, 縦軸はいろいろな半径
r_H：事象の地平面の半径
r_{ms}：最終安定円軌道の半径
r_{ph}：光子半径

数式コーナー

カー・ホールの諸量2

カー時空における最終安定円軌道の半径r_{ms}は,
$$r_{\mathrm{ms}} = (r_{\mathrm{g}}/2)\left[3 + Z_2 \pm \sqrt{(3-Z_1)(3+Z_1+2Z_2)}\right]$$
で表される. ただしここで,
$$Z_1 = 1 + (1-a_*^2)^{1/3}\left[(1+a_*)^{1/3} + (1-a_*)^{1/3}\right]$$
$$Z_2 = \sqrt{3a_*^2 + Z_1^2}$$
で, 複号±のプラスは逆行軌道, マイナスは順行軌道の場合である (図6・9).

この最終安定円軌道半径で粒子が保持している, 比エネルギーe_{ms}と比角運動量l_{ms}は, それぞれ,
$$e_{\mathrm{ms}} = c^2\sqrt{1 - \frac{r_{\mathrm{g}}}{3r_{\mathrm{ms}}}}$$
$$l_{\mathrm{ms}} = \sqrt{3}\, r_{\mathrm{g}} c \left(1 - \frac{\sqrt{2a_*}}{3\sqrt{(r_{\mathrm{ms}}/r_{\mathrm{g}})}}\right)$$
となる (図6・10).

また, 無限遠でガスがもっている単位質量あたりのエネルギーはc^2だが, そのうち最終安定円軌道で保持していた比エネルギーe_{ms}の分ブラックホールに吸い込まれてしまう. 言い換えれば, その差: $c^2 - e_{\mathrm{ms}}$は途中のプロセス (例えば降着円盤) で放射されたわけだ. それを無限遠での比エネルギーc^2で割って割合に直したのが, 重力エネルギー変換効率
$$\eta = 1 - e_{\mathrm{ms}}/c^2$$
である (図6・12).

最後に, カー・ホールの光子半径は,
$$r_{\mathrm{ph}} = r_{\mathrm{g}}\left\{1 + \cos\left[(2/3)\cos^{-1}(\pm a_*)\right]\right\}$$
という式で与えられる (図6・14).

6.3 渦動時空のエネルギー解放

　自転するカー時空には，さらにいくつかの変わった特質が知られている．静止限界と外部地平面に挟まれた領域－エルゴ領域を通したエネルギー解放機構だ．自転しているということは，そこには自転エネルギーも存在しているということになる．そしてその自転エネルギーを使って外部に対して仕事（エルゴス）をすることが原理的には可能なのだ．

1）ペンローズ過程

　ブラックホールの自転エネルギーを抜き出すメカニズムとしてよく知られているのが，特異点定理やタイル張り，最近では脳理論で有名なロジャー・ペンローズ（R. Penrose）の提案した「ペンローズ過程」である．

　カー時空の外側から，エルゴ領域内を通過する軌道で物体を打ち込んだとする（図6・15）．エルゴ領域で物体を2つに分裂させ，片方の分裂片を逆行軌道に落とすと，残った分裂片は正のエネルギーを得て飛び出すのだ．すなわち，逆行軌道に落とした分裂片は，カー時空の自転とは反対の角運動量をもっているので，その分裂片を吸い込んだカー・ホールの自転は減少し，同時にその分

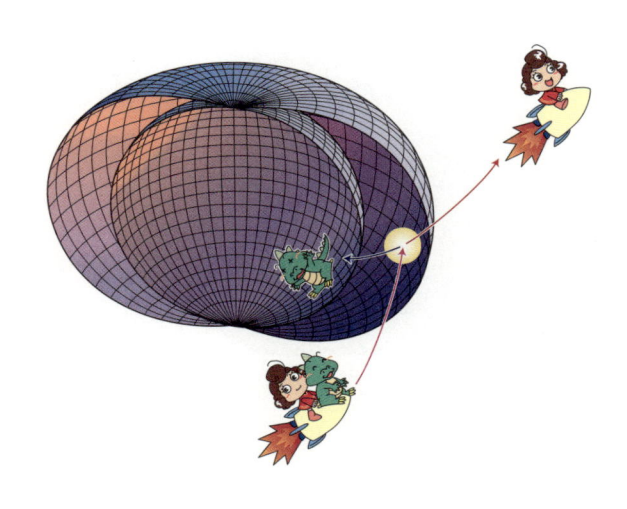

図6・15　ペンローズ過程．

だけ自転エネルギーも減少する．逆に，残りの分裂片は，カー・ホールの自転によって後押ししてもらった形になって，最初よりも大きなエネルギーをもってエルゴ領域から飛び出すのだ．

ただ，このペンローズ過程はかなり特殊な状況で効率も悪い．実際，人為的に軌道に乗せるならともかく，分裂片が自然に逆行軌道に乗ることは起こりにくい．そのため，現実の宇宙では，ペンローズ過程はあまり上手く働かないだろうと考えられている．

2) ブランドフォード＝ナエック過程

ブラックホールの角運動量を抜き取る，より効率的な方法が，エルゴ領域を貫く磁力線を通してエネルギーや角運動量を引き抜く方法で，提案者の名前を取って「ブランドフォード＝ナエック機構」と呼ばれている（R. D. Brandford and R.L. Znajek 1976）．

ブランドフォード＝ナエック機構が働くために必要なのは，まずカー・ホールのまわりにガス降着円盤が渦巻いていて，さらに降着円盤を磁力線が貫いていることだ（図6・16）．降着円盤を磁力線が貫通していると，磁力線の根元は

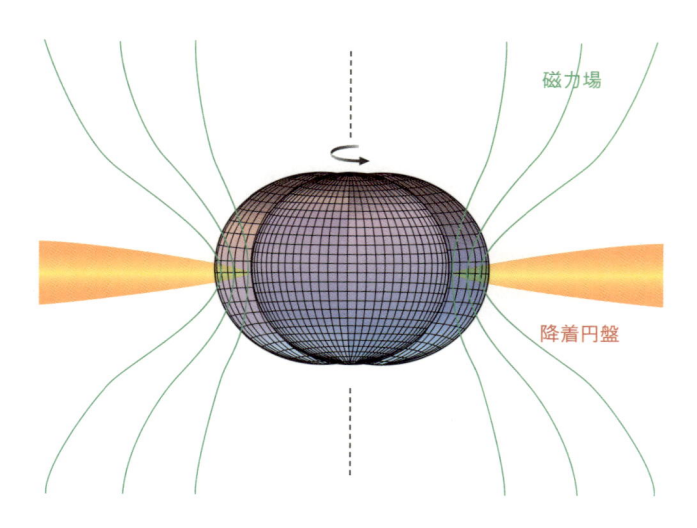

図6・16 ブランドフォード＝ナエック過程．

6.3 渦動時空のエネルギー解放

降着円盤と共に動く性質があるので，降着円盤の回転に伴って磁力線も回転する．そして，磁力線に沿ってエネルギーや運動量が伝播できるので，エルゴ領域の内部からも磁力線を通して絶え間なくエネルギーや角運動量を抜き出すことができるのだ．

数式コーナー

ブランドフォード＝ナエック機構による損失率

　ブランドフォード＝ナエック機構によるエネルギー抜き取りの割合（パワーP）は，ブラックホールの質量M，ブラックホールの自転角速度Ω_H（あるいはスピンパラメータa_*），降着円盤内を落下するガス降着率N，そしてエルゴ領域内の降着円盤を貫く磁力線の強さや回転角速度などで決まる．しかし，主としてエルゴ領域を貫く磁力線の回転角速度や強さの不定性のため，まだ人によって評価が少しずつ異なる．おおざっぱには，ブラックホールの質量が太陽の1億倍くらい，ガス降着率がエディントン降着率ぐらい，磁場の強さが1万ガウス程度の場合は，だいたい，

$$P \sim 10^{38}\,\lambda\ \ a_*^2\,[1+\sqrt{(1-a_*^2)}\,]^2$$
$$\times (M/1億太陽質量)(N/エディントン降着率)\ \ \text{J/s}$$

ぐらいだと見積られている（Lu, et al. 1996；Modelsky and Sikora 1996）．ここでλは，さまざまな不定性が押し込められた，1程度の値をもつパラメータである．

　また，エルゴ領域を貫く磁力線の回転角速度Ω_Fは，

$$\Omega_F = k\,\Omega_H$$

と置くことが多い．ただし，ここでkは1より小さい定数である．

　このブランドフォード＝ナエック機構によるエネルギーの流出率Pを使うと，ブラックホールの質量の減少率と全角運動量の減少率は，それぞれ，

$$dM/dt = -P/c^2$$
$$dJ/dt = -P/\Omega_F = -P/(k\,\Omega_H)$$

と表される．

6.3 渦動時空のエネルギー解放

3) スピン変化と平衡状態

　前の章で，ガス降着に伴う質量の増加を扱ったが，ここでは角運動量（スピン）の変化を少し考察しておこう．

　もしブラックホールに降着するガスが，ブラックホールに対して回転していれば，ガス降着に伴い角運動量も獲得する．ただし，注意しないといけない点は，ブラックホールの自転の性質を決めるのは，全角運動量Jではなくて，単位質量あたりの角運動量あるいはスピンパラメータであるということだ．そして，ガスを吸い込んで全角運動量Jが増加したとしても，スピンパラメータは必ずしも増加するとは限らない．

　まず，ブラックホールに落下してきたガスが角運動量をもっていない場合，すなわち自転しているカー・ホールに角運動量をもたないガスが降着する球対称降着の場合は単純である．ブラックホールの全角運動量は変化しないが，質量は増えていくので，単位質量あたりの角運動量は減少する．さらにスピンパラメータは，質量の2乗に反比例して減少する．

　次に，降着してきたガスがブラックホールに対して角運動量をもっていて，その結果，ブラックホールのまわりに降着円盤を形成している場合を考えてみよう．標準降着円盤の場合，降着円盤の中をほとんど円運動しながらじわじわと落下してきたガスは，最終安定円軌道まで到達した段階で軌道が不安定になり，"最終安定円軌道での角運動量をもったまま"ブラックホールに吸い込まれる．すなわち，ガスの降着に伴って，ブラックホールの質量も全角運動量も増加する．ただし，スピンパラメータについては，無制限に増加するわけではなく，ガスの降着と共に増加はするのだが，スピンの増加率は次第に鈍くなり，極限カー・ホール（$a_* = 1$）までスピンアップされた段階で，それ以上はスピンが増加しないことがわかっている．

　同じ降着円盤でも，ガスが回転しながら同時に落下している超円盤の場合は話が少し変わる．超円盤では，ガスの角運動量はケプラー円盤より少ないので，極限カー・ホールまでスピンアップされないだろう．それを調べるために，超円盤のガスが，純粋にケプラー回転している部分と，まったく角運動量をもたない部分からなっていると仮定する．赤道面にケプラー回転している円盤があって，その上下に角運動量をもたずに落下しているコロナガスがあると思ってもい

い．詳しい計算は省略するが，コロナ部分の降着率の全体に対する割合をδと置くと，最終的なスピンパラメータの値はδの関数として求めることができる．それが図6・17である．予想通り，δが1のときは（角運動量をもったガスはない）スピンパラメータの平衡値は0であり（シュバルツシルト・ホールが落ち着き先），δが0のときは（ケプラー回転のみ）平衡値は1（極限カー・ホールが落ち着き先）である．そして，δが0から1の間の値だと，スピンパラメータの平衡値は1から0の範囲になる．

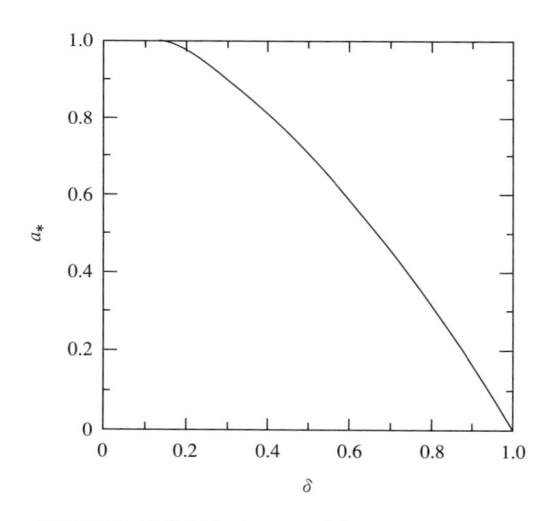

図6・17　超円盤降着で平衡状態になっているときのカー・ホールのスピンパラメータ．

　以上の話にブランドフォード＝ナエック機構が働くと，さらにまた話は複雑になる．ブランドフォード＝ナエック機構で質量と角運動量が減少する一方，ガス降着に伴う（質量や）角運動量の獲得も必ず同時に起こっているからだ．そこで，具体的な角運動量の獲得と損失については，すべてを同時に考慮しなければならない．ただ，一般的には，ガスが回転しながら降着することによる角運動量増加率とブランドフォード＝ナエック過程による角運動量の減少率が等しくなると，ブラックホールの角運動量は時間的に変化しなくなると予想されている．

● COLUMN 8 ●

ティプラータイムマシン

　渦動時空とくれば，ティプラーのタイムマシンに触れないわけにはいかないだろう．

　『アーヴァタール』という傑作SFがある（ポール・アンダースン，創元推理文庫）．舞台は宇宙．時は未来．アザーズと呼ばれる古い種族が残した超空間移送装置〈Tマシン〉．太陽系内で発見されたこのスターゲイトを人類がくぐり，他の星系に移住して100年後の時代．もっとスターゲイトを開こうとする一派と人類の宇宙進出に反対する勢力の間で，未だ世界情勢は不安定だった．恒星への進出を願う主人公は，反対勢力に追い詰められ，自分と人類の未来をかけて闇雲にゲイトに飛び込む．次々にゲイトを通過していく一行の見る驚異に満ちた宇宙．ついに解き明かされる〈アーヴァタール（化身）〉の意味．

　プロットの面白さ，スケールの大きさ，道具立ての良さなど，どれをとっても最上のSFだが，ここで取り上げたいのは，このSFに出てくるガジェット，〈Tマシン〉と呼ばれる超空間移送装置だ．これは，極度に密度の高いおそらく中性子物質で作られた銀色の円筒状物体である．全長約1千km，直径2km強の巨大な針で，中心軸のまわりを高速回転しており，周縁部の速さは光速の75％にも達する．この〈Tマシン〉，実はアンダースンの創作ではなく，1974年，フィジカル・レビュー誌という，れっきとした学術誌に出た論文からアイデアを得ている．著者のフランク・ティプラー（F. Tipler）は，その論文中で，非常に高速で回転している有限の長さの円筒周辺の物質のない空間では，因果律が破れている可能性があることを議論した．さらに論文中でティプラーは，超高速回転する円筒がタイムマシンとして作用するだろうと述べている．時空渦動はタイムマシンへの道にもつながっているかもしれない．

CHAPTER6　ブラックホールの渦動

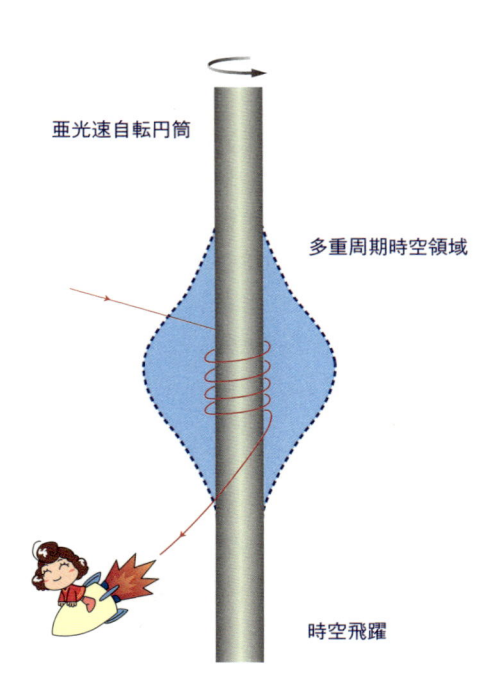

亜光速自転円筒

多重周期時空領域

時空飛躍

図6・18　ティプラーのタイムマシン．

CHAPTER 7
ブラックホールとワームホール

　しばしばブラックホールと同時に言の葉にのぼるのが，時空の虫食い穴－ワームホールである．ワームホールは，ブラックホールほどには，観測的にも理論的にも確立した存在ではないが，興味深い存在だ．本章では，ブラックホール時空のさまざまな表現方法や時空の連結構造と，ブラックホールの親戚筋であるワームホールについて，概説しておきたい．

7.1　無限ダイアグラム

　時空を図形（座標）でわかりやすく表すために，「ミンコフスキーダイアグラム」では時間と空間を同等に表現し，「埋め込みダイアグラム」では曲がった空間を超空間に埋め込んで表現した．ブラックホール時空を表す手段としては，シュバルツシルト半径での座標特異性を改良したエディントン＝フィンケルシュタイン図，光円錐を気持ちよくしたクルスカル図，そして無限時空を表現するペンローズ図などがある．

1）シュバルツシルト座標の光円錐

　質量がなく時空が平坦なミンコフスキー時空では，半径一定の線は縦軸（時間軸）に平行な直線群に，時間一定の線は横軸（空間軸）に平行な直線群になる（図7・1）．また時空の各点を通る光円錐は，左上がり45°（内向きの光）と右上がり45°（外向きの光）の直線群になる．これはそもそも，ミンコフスキー図というものが，光線が45°の傾きの直線になるように，空間軸と時間軸の目盛りを調整したグラフだから，当たり前といえば当たり前だ．

　では，ブラックホール時空で同じことをしたらどうなるだろう．シュバルツシルト・ブラックホールでも，空間座標と時間座標は，形式的には直交座標になっている．しかし，この座標系で光線の軌跡（「ヌル測地線」と呼ぶことがあ

CHAPTER7 ブラックホールとワームホール

る）を描くと，非常に奇妙なものになる（図7・2）．すなわち，シュバルツシルト半径より外側では，内向き光線はシュバルツシルト半径に集まるように振る舞い，外向き光線はシュバルツシルト半径から発したように振る舞う．さらに，シュバルツシルト半径より内側では，内向き光線は未来からやってくるように振る舞い，外向き光線は内向きに落ちているように振る舞う．光線の軌跡はシュバルツシルト半径のところで異常になっている．

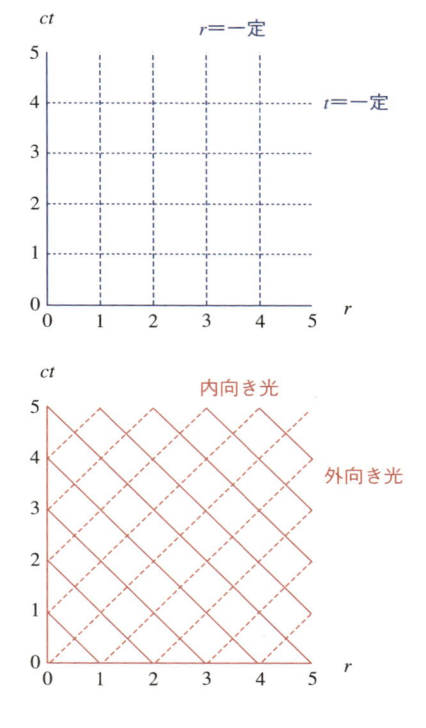

図7・1　ミンコフスキー時空の光円錐．
上の図で破線は半径 r が一定の線を，点線は時間 t が一定の線を表す．下の図で破線は外向きに伝わる光線を，実線は内向きに伝わる光線を表す．

7.1 無限ダイアグラム

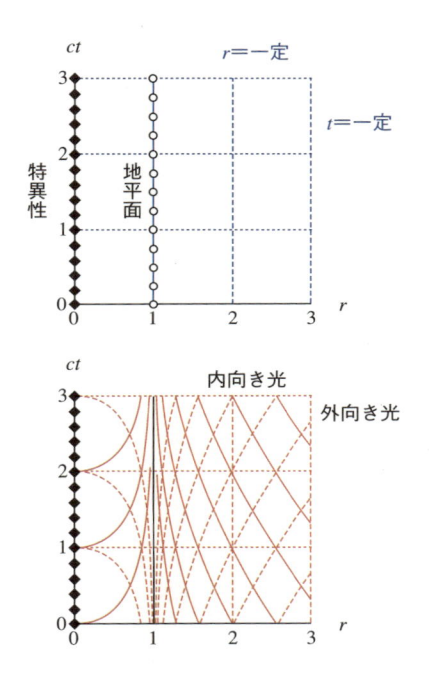

図7・2 シュバルツシルト時空の光円錐.
上の図で破線は半径一定の線を，点線は時間一定の線を表す．半径 $r=1$ が事象の地平面で中心の◆は特異性．下の図で破線は外向き光線を，実線は内向き光線を表す．事象の地平面で光線の伝わり方が異常になっている．

　もちろん，実際には，内向きの光線はシュバルツシルト半径をやすやすと乗り越えてブラックホールに落ち込むはずである．こんな変なことが起こったのは，平らなミンコフスキー空間の座標をそのまま曲がった空間に持ち込んだためだ．例えば，平らな紙を球面に貼り付けるときに，赤道面では円筒状に巻きつけて綺麗に貼れたとしても，両極付近では紙はしわくちゃになるだろう．シュバルツシルト座標における光円錐の奇妙な振る舞いも，座標系の貼り方がまずいために生じた見かけ上の特異性なのである．

　光線の軌跡の座標特異性を解消するために，いろいろな座標系が提案されて

CHAPTER7 ブラックホールとワームホール

いる．例えば，時間座標を少し修正した「エディントン＝フィンケルシュタイン図」の1つでは，内向き光線はすべて傾き45°の直線になっている（図7・3）．そして外向き光線は，シュバルツシルト半径より外側では実際に外に出て行くが，内側ではブラックホールに落ち込む．

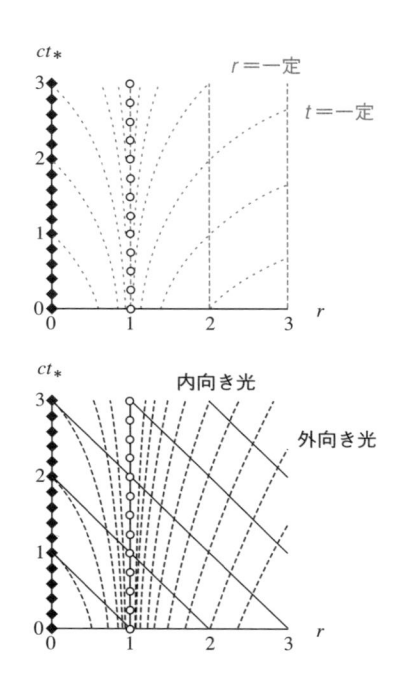

図7・3 シュバルツシルト時空のエディントン＝フィンケルシュタイン図．上の図で破線は半径一定の線を，点線は時間一定の線を表す．下の図で破線は外向き光線を，実線は内向き光線を表す．内向き光線は45°．

　エディントン＝フィンケルシュタイン図は，光円錐の振る舞いについては，わかりやすくなったが，光円錐はやはり頂角45°の円錐にしたい，という観点からはまだ不満が残る．そのためには，時間座標だけでなく空間座標も修正しなければならない．

数式コーナー

座標と光円錐の式

ミンコフスキー時空
  時空座標：(t, r)
  外向き光線：$ct = r + u$（任意の値）
  内向き光線：$ct = -r + v$（任意の値）

シュバルツシルト時空
  時空座標：(t, r)
  外向き光線：$ct = [r + r_g \ln |r/r_g - 1|] + u$（任意の値）
  内向き光線：$ct = -[r + r_g \ln |r/r_g - 1|] + v$（任意の値）

エディントン＝フィンケルシュタイン時空
  時空座標：(t_*, r)
  座標変換：$ct_* = ct + r_g \ln |r/r_g - 1|$
  外向き光線：$ct_* = [r + 2r_g \ln |r/r_g - 1|] + u$（任意の値）
  内向き光線：$ct_* = -r + v$（任意の値）

クルスカル図
  時空座標：(V, U)
  座標変換：$U^2 - V^2 = (r/r_g - 1) \exp(r/r_g)$
     $V/U = \tanh(ct/2r_g)$ ……領域ⅠとⅢ
     $V/U = \coth(ct/2r_g)$ ……領域ⅡとⅣ

ペンローズ図
  時空座標：(ψ, ξ)
  座標変換：$ct + r = \tan[(\psi + \xi)/2]$
     $ct - r = \tan[(\psi - \xi)/2]$

2) クルスカル図

　時空座標を上手に折り曲げて変形すると，光円錐を気持ちのいい頂角45°の円錐にすることができる．それが「クルスカルダイアグラム」だ．シュバルツシルト・ブラックホールを表すクルスカル図をみてみよう（図7・4）．

　クルスカル図では，シュバルツシルト座標で中心にあった特異性は，時刻 $t=0$（$V=0$）を境に上下2つに分離され，上部と下部の双曲線に追いやられている（上側を「未来特異性」，下側を「過去特異性」と言う）．また事象の地平面（シュバルツシルト半径の世界線）は，中心を通る45°の直線で表されている．これらの結果，時空領域は，事象の地平線の外部領域（ⅠとⅢ）と内部領域（ⅡとⅣ）の4つの領域に分割される．このクルスカル図において，シ

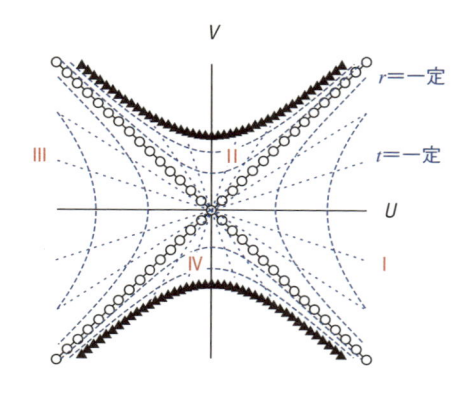

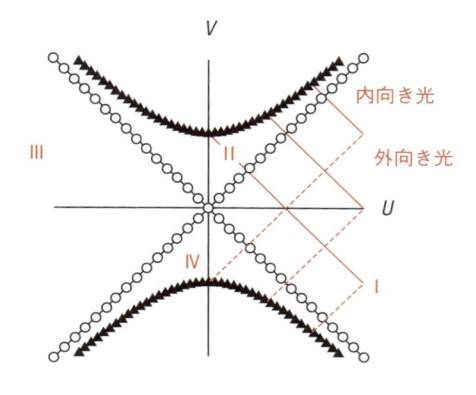

図7・4　シュバルツシルト時空のクルスカル図．
上の図で破線は半径 r 一定の線を，点線は時間 t 一定の線を表す．下の図で破線は外向きに伝わる光線を，実線は内向きに伝わる光線を表す．両方とも45°の方向になっている．▲は特異性を，〇は事象の地平面を示す．時空間は4つの領域に分割されている．

7.1 無限ダイアグラム

ュバルツシルト座標での空間座標 $r=$ 一定の線は双曲線に変形され，時間座標 $t=$ 一定の線は中心を通る直線群に変形されているが，光線の軌跡はすべて，45°の直線で表されているのだ．

例えば，シュバルツシルト・ブラックホールから一定の距離で静止している物体は，クルスカル図の上では，領域Ⅰの双曲線に沿って時空に存在する（図7・5）．そしてその物体から放たれた光線は，外向きに発射された光は外部に伝わっていくが，内向きの光線は遠からず領域Ⅱ（事象の地平面の内部）に入り込み，そのまま未来特異性にぶつかるだろう．あるいは，半径方向に落下している物体の世界線は，$r=$ 一定の双曲線を横切りながら，領域Ⅰから領域Ⅱを通過して未来特異性で消滅する．

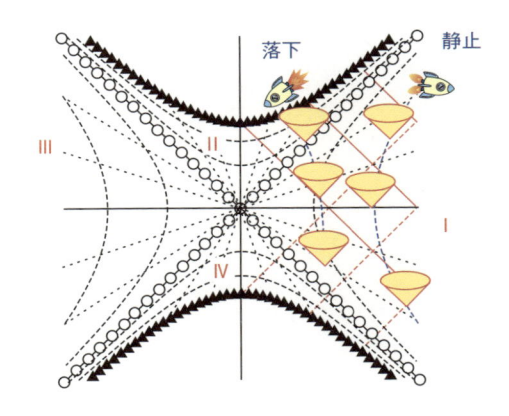

図7・5 クルスカル図での物体の世界線と光円錐．
ある半径に静止している物体と落下している物体の世界線および，それぞれの物体から放たれた光の光円錐を示す．

またクルスカル図の領域Ⅱ（シュバルツシルト時空での事象の地平面の内側）に存在する物体にとって，領域Ⅱのどこにいようと未来光円錐の先には未来特異性が控えているので，必ず物体の世界線は特異性で断ち切られるのだ．すなわち，事象の地平面の内部に落下した物体は必ず中心の特異点に落ち込むのである．

クルスカル図の時空領域での，事象の地平線の外部領域Ⅲと内部領域Ⅳと過去特異性などの関係については，また後でまた触れる．

3) ペンローズ図

さらにダイナミックな座標変換を行えば,過去から未来までの無限の時間,宇宙の果てから果てまでの無限の空間を,有限のダイアグラムで表すことさえできる.それが「ペンローズダイアグラム」だ.

例えば,平坦なミンコフスキー時空を表現するペンローズ図では,無限のミンコフスキー時空は小さな直角三角形領域,あるいは直角三角形を2つ合わせた正方形領域に押し込められている(図7・6).中央の上下方向の軸が原点 $r=0$ の世界線を表し,下の頂点(I^-)は無限の過去を,上の頂点(I^+)は無限の未来,左右の頂点(I^0)は無限の遠方を表す.また正方形の四辺(花文字の $\mathcal{I}^+$ と $\mathcal{I}^-$)は,光円錐方向の無限遠である.ペンローズ図において,空間座標 $r=$ 一定の線や時間座標 $t=$ 一定の線は,それぞれ曲線群に変換され

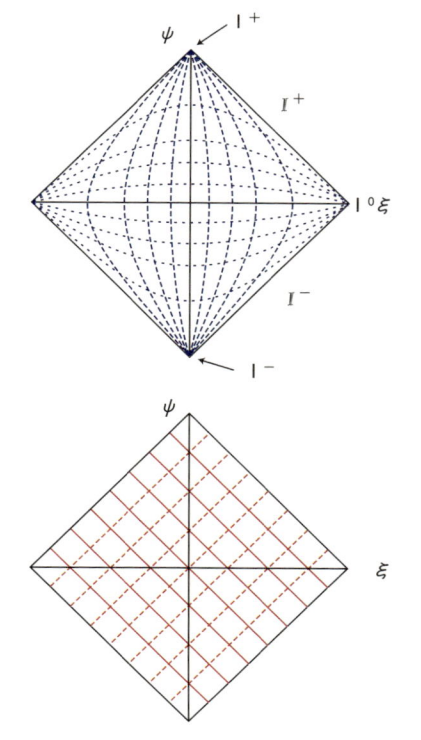

図7・6 ミンコフスキー時空のペンローズ図.
上の図で破線は半径 r が一定の線を,点線は時間 t が一定の線を表す.下の図で破線は外向きに伝わる光線を,実線は内向きに伝わる光線を表す.周辺の頂点や辺々は,それぞれ時間的過去無限遠(I^-),時間的未来無限遠(I^+),空間的無限遠(I^0),光円錐的無限遠(各辺)になっている.

7.1 無限ダイアグラム

ているが，光線の軌跡は常に傾き45°の直線で表されている．

このペンローズ図でシュバルツシルト・ブラックホールを表すと，図7・7のようになる．クルスカル図と同様に，時空領域は，事象の地平線の外部領域（ⅠとⅢ）と内部領域（ⅡとⅣ）の4つの領域に分けられる．また中心の特異性は，上部の未来特異性と下部の過去特異性になっている．さらに事象の地平面（シュバルツシルト半径の世界線）は，中心を通る45°の直線で表されている．そして，時間座標や空間座標は変形しているものの，光線の軌跡はすべて，45°の直線で表されているのだ．

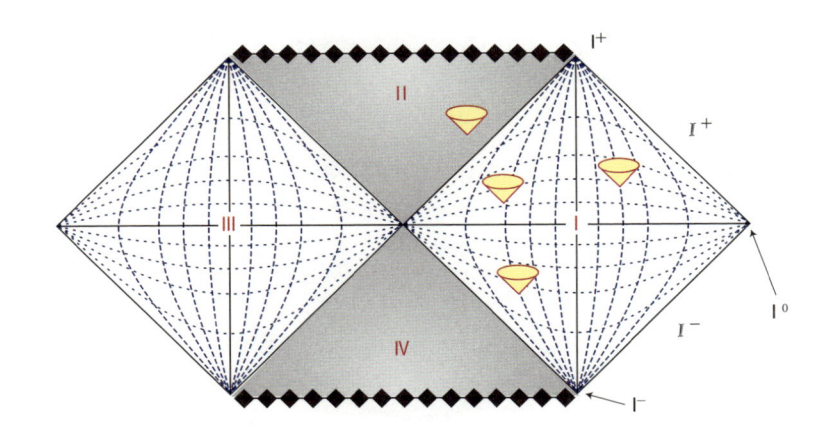

図7・7 シュバルツシルト時空のペンローズ図．
上の図で破線は半径 r が一定の線を，点線は時間 t が一定の線を表す．また水平方向の◆は過去特異性（下側）と未来特異性（上側）を，中心を通る傾きが45°の直線は事象の地平面を，左右の境界は無限遠を表している．領域ⅠとⅢが事象の地平面の外部の領域で，領域ⅡとⅣは内部の領域になる．

7.2 時空コネクション

　クルスカル図やペンローズ図を用いると，ブラックホール時空が美麗に表現できる．その一方，変な時空領域が出現したのも事実である．それらは，時空の連結と関連しているのだ．さらに，無限ダイアグラムを用いて帯電したライスナー＝ノルドシュトロム・ブラックホールや自転しているカー・ブラックホールを表すと，驚くべきことに時空が次々に連結していくのである．

1）ブラックホールとホワイトホール

　クルスカル図やペンローズ図と呼ばれる時空図では，時空領域は4つに分割されていた（図7・8）．領域Ⅰは無限遠でミンコフスキー時空に近づくブラックホール外部の我々の宇宙であり，領域Ⅱはあらゆる光円錐が未来特異性に吸い込まれるブラックホール内部の時空であった．では，領域ⅢとⅣは何だろう？

　まず，領域Ⅳを考えてみよう．領域Ⅳでの光円錐を見ると，過去光円錐はすべて過去特異性につながっている．言い換えれば，過去特異性から"放射された"光が領域Ⅳの物体に届いているわけだ．そしてさらに未来光円錐はすべて領域Ⅳの外部に出ている．すなわち領域Ⅳと過去特異性は，領域Ⅱと未来特異性（ブラックホール）のミラーイメージになっているのである．前者はあらゆる物体も光線も吸い込む存在であり，後者は光や物体が出るだけの存在なの

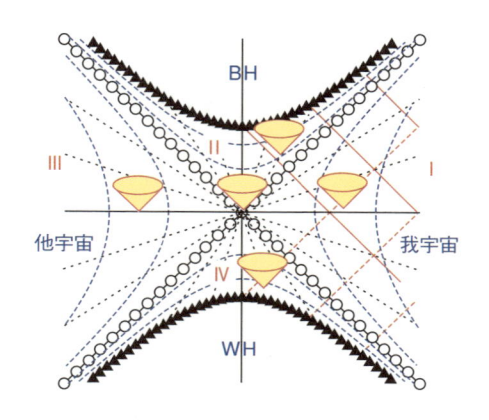

図7・8　ホワイトホールと他の宇宙．

だ．この過去特異性／領域Ⅳを「ホワイトホール」と呼んでいる．
　領域Ⅲは次節で考える．

2）帯電ブラックホール

　帯電したライスナー＝ノルドシュトルム・ホールは，球対称だが，電荷の存在のため，光の伝播が特異になる事象の地平面が分裂している．すなわち中心の特異点のまわりに，内部地平面と外部地平面をもっている（図7・9）．

　時空の連結を考慮すると，この帯電ブラックホールのペンローズ図は，図7・10のような時間軸（上下）方向に連結したもので表されるのだ．通常時空（領域Ⅰ）から外部地平面を超えて帯電ブラックホールの内部（領域Ⅱ）に入り，さらに内部地平面を超えて特異点の近傍時空（領域Ⅱ'）を通過し，再び内部時空（領域Ⅳ）を経て，別の通常時空（領域Ⅰ）へ抜けることができるかもしれない．

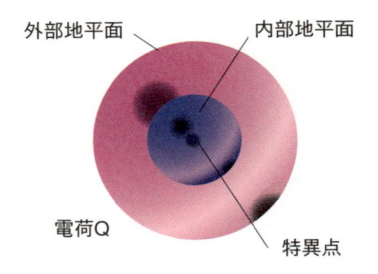

図7・9
ライスナー＝ノルドシュトルム・ホール．

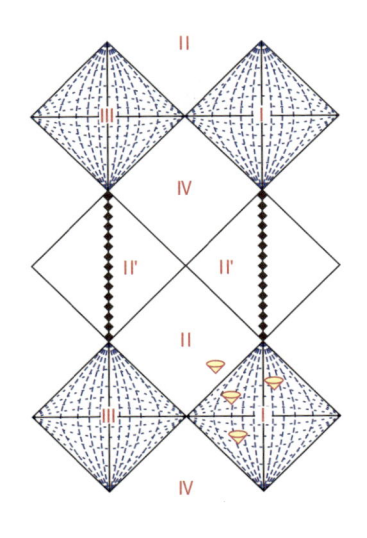

図7・10
ライスナー＝ノルドシュトルム時空の
ペンローズ図．
領域Ⅰ（や領域Ⅲ）はブラックホール外部の宇宙を，領域Ⅱは外部地平面と内部地平面の間の時空を，領域Ⅱ'は内部地平面の内側の時空を，時間軸（上下）方向の◆は中心の特異性を表す．

CHAPTER7 ブラックホールとワームホール

3）自転ブラックホール

　また自転しているカー・ホールは，中心のリング状特異性のまわりに，やはり内部地平面と外部地平面をもっている（図7・11）．そして自転ブラックホールのペンローズ図も，図7・12のような連結したものになるのである．

　時空の連結した帯電ブラックホールや自転ブラックホールを通り抜けることができれば，過去から未来へ，次々と時空を渡り歩いていくことができるかもしれない．

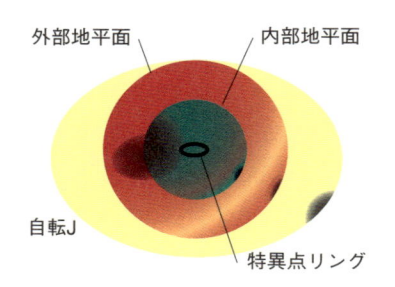

図7・11　カー・ホール．

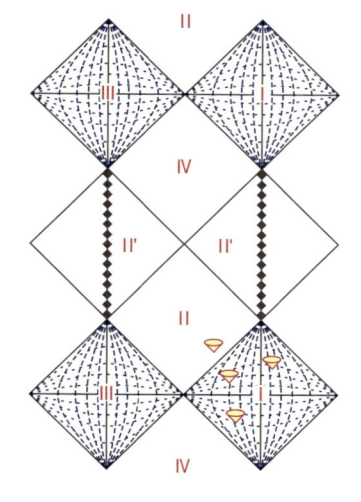

図7・12　カー時空のペンローズ図．領域Ⅰ（や領域Ⅲ）はブラックホール外部の宇宙を，領域Ⅱは外部地平面と内部地平面の間の時空を，領域Ⅱ'は内部地平面の内側の時空を，時間軸（上下）方向の◆は特異性を表す．

7.3 蟲道ネットワーク

　無限ダイアグラムで表された無数の時空は，時間方向だけでなく空間方向にも連結している．ここでは2つの時空をつなぐワームホール（アインシュタイン＝ローゼンの橋）について，もう少し考えてみよう．ワームホールとは何なんだろうか．

1）ワームホール時空

　クルスカル図やペンローズ図で不明だったのが，領域Ⅰとは別の外部領域Ⅲの存在だった．外部領域Ⅰは，ブラックホールの外側の我々の宇宙だが，それと対をなす領域Ⅲは一体どこにあるのだろうか？ 1つの考え方は，この領域Ⅲは，我々の宇宙とは別の他の宇宙だと解釈することである．その場合，領域Ⅰと領域Ⅲの接点は，我々の宇宙と別の宇宙をつなぐ時空の橋であり，それを「アインシュタイン＝ローゼンの橋」あるいは「ワームホール」と呼んでいるのだ（L. Flamm 1916）．

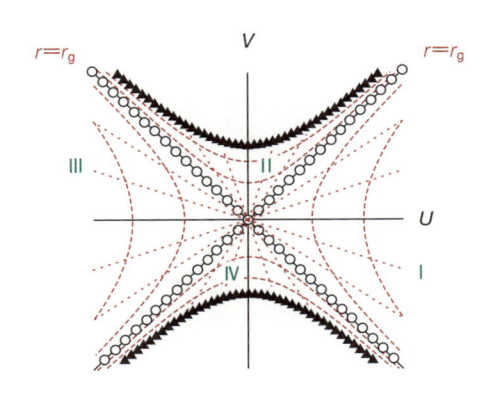

図7・13　ワームホールのクルスカル図．

もう一度，ブラックホール時空のクルスカル図（ペンローズ図でもよい）を考えてみよう（図7・13）．クルスカル座標でU軸上を右側の時空領域Ⅰ（我々の宇宙）から左側の時空領域Ⅲ（他の宇宙）へ向けて動いてみる．ここで，事象の地平面（シュバルツシルト半径）は，クルスカル図では，中心を通る45°の直線で表されていることを思い起こそう．したがって，座標Uが小さくなるにつれ実空間での座標rも小さくなるが，Uが0になったときにrは0ではなくシュバルツシルト半径r_gになっているのだ．何となく，Uが0になれば半径rも0になるような気がするが，これも座標のマジックで，クルスカル図の原点は，実空間ではあくまでも有限の半径（シュバルツシルト半径）に位置しているのである．そしてさらにU軸上で原点を超えると，すなわちシュバルツシルト半径を超えたと思ったら，実はそこは別の領域Ⅲになっているのである．このようにして領域Ⅰと領域Ⅲは連結しており，その連結部分－時空の喉－をアインシュタイン＝ローゼンの橋とか平たくワームホール（時空の虫食い穴）と呼ぶのである．

ブラックホールとホワイトホールとワームホールは，しばしば混同されやすい存在だが，以上のように，クルスカル図やペンローズ図で見ると，それぞれ異なったものであることがよくわかる．

2）ワームホールの外観

クルスカル図は1次元の空間と1次元の時間を変形して表した時空図なため，ワームホールの形状が直感的にわかりにくいので，空間的な表現に戻していこう．まず，クルスカル図のU軸上におけるワームホールの空間的変化を示す．すなわち1次元の空間変化（曲がった空間）を超空間に埋め込んだ，いわゆる埋め込みダイアグラムでワームホールを表すと図7・14のようになる．図7・14の実線部分がクルスカル図のU軸の右側部分（我々の宇宙）で，破線部分が左側部分（他の宇宙）に相当する．

7.3 蟲道ネットワーク

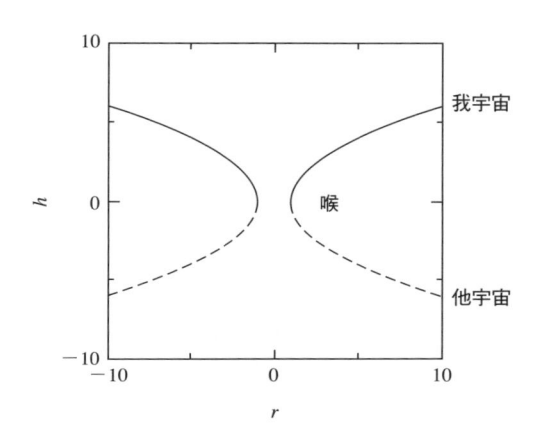

図7・14 ワームホールの埋め込みダイアグラム（超空間に埋め込んだ1次元空間）．

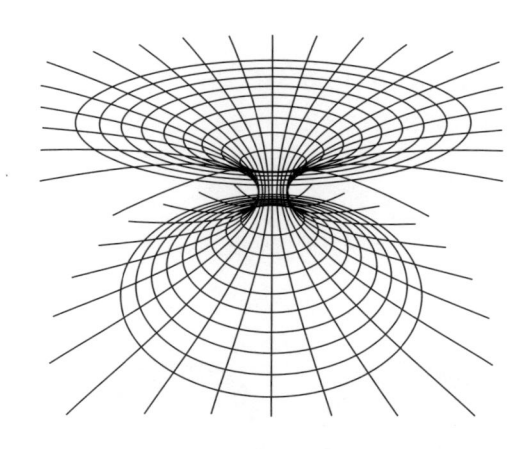

図7・15 ワームホールの埋め込みダイアグラム（超空間に埋め込んだ2次元空間）．

CHAPTER7 ブラックホールとワームホール

さらに空間を2次元にしたワームホールの埋め込みダイアグラムも図7・15に示す．こうして見ると，ワームホールは，形状的には，事象の地平面の部分で2つのブラックホールを接合したようなものになっていることがわかるだろう．したがって，通常の3次元実空間の中でワームホールを見れば，球状の境界面で囲まれた存在として見えるはずだ（図7・16）．

ただしブラックホールとは異なって，ワームホールは必ずペアで存在し（ペアが同じ宇宙にあるとは限らないが），片方のワームホールから入れば相方のワームホールから出ることになる．すなわちブラックホールの地平面は一方通行の面だが，ワームホールの地平面は双方向に通過できる．さらにワームホールが生成消滅するときには，まずワームホールは，最初は，時空の特異性として，すなわちブラックホールのように見える．時間が経つにつれて，ワームホールのサイズは広がり，別の時空と連結して，ペアとしてつながったワームホールになる．ワームホールが成長した最大時には，同じ質量のブラックホールのサイズになる．そしてその後，また縮んでいき，ついには消滅するのである．

3）量子ワームホール

いままでワームホールのサイズ（質量）については考えてこなかった．未だに仮想的な存在であるホワイトホールと異なり，ワームホールはおそらく存在すると考えられているが，その存在条件はかなり厳しい．プランクサイズの非常に微小なワームホールしか存在できないだろうというのが，現在の一般的な考えである．

先に述べたように，2つの時空領域をつなぐ時空のトンネルとしてワームホールは考えられたが，1960年代初期の研究によって，質量の大きなワームホールは自分自身の重力のためにあっと言う間に崩壊してしまうと指摘されたのである

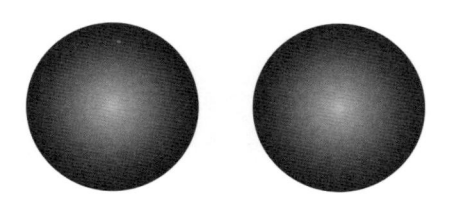

図7・16 ワームホールの外観．

7.3 蟲道ネットワーク

(R. Fuller and J. A. Wheeler). 一方，非常に微小なサイズのワームホールでは話は別だ．

量子的なミクロサイズになると，真空自体が量子的な揺らぎで覆われている．例えば，ほんの束の間の時間ではあるが，仮想粒子対が対発生・対消滅を繰り返している．真空は，量子的に眺めれば，何もない空っぽの空間ではないのだ．同じように，量子的には時空構造自体も滑らかではなく，常に揺らいでいて，泡やトンネルができては消滅しているのだ．泡はミニブラックホールのようなもので，トンネルはワームホールのようなものだ．真空はワームホールだらけなのである（図7・17）．これを「量子ワームホール」と呼んでいる．ただし，この量子的なワームホールのサイズは，非常に小さい．ほんの10^{-35}m ぐらいしかないだろうと推定されている．この微小なサイズは，「プランク長さ」と呼ばれ，明確な意味をもちうる最小の長さなのである．

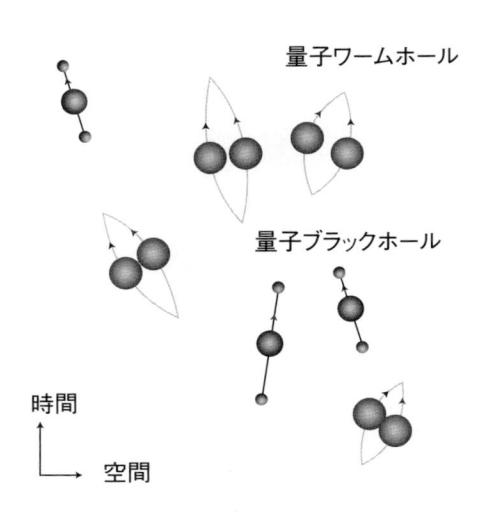

図7・17 量子ワームホール．

●COLUMN 9●

ワームホールマシン

　巨視的なサイズのワームホールは，もしできたとしても，自分の重力によって瞬時に崩壊してしまう．逆に言えば，その重力崩壊を食い止めることができれば，人や宇宙船が通り抜けられるほど大きなサイズのワームホールを維持できるかもしれない．ただし，そのためには「エキゾチック物質」が必要だとされている．エキゾチック物質とは，重力的には反発し合う負のエネルギーをもった仮想的な物質であり，そのエキゾチック物質でワームホールの喉を建造すれば，重力崩壊を支えられるというのである．これらの性質は，1980 年代の後半に，カリフォルニア工科大学のモリス（Michael S. Morris）とソーン（Kip S. Thorne）や，ワシントン大学のヴィザー（Matt Visser）らをはじめ，何人かの研究者が指摘した．

　さらにソーンたちは，同じフィジカル・レビュー・レター誌（1988 年）で，エキゾチック物質があれば，ワームホールをタイムマシンに使えると述べている．

　ワームホールを利用してタイムマシンを作るのは，技術やエネルギーの問題はさておき，原理的には以下のようにする．すなわち，まず，量子時空の揺らぎで頻繁に生じているプランクサイズのワームホールの口を人や宇宙船が通れるぐらいまで拡げ，ワームホールが崩壊しないようにエキゾチック物質と呼ばれる負エネルギー物質で安定化させる．そしてワームホールの片方の口を，重力的ないしは電気的な力で引っぱり，光速近くまで加速して亜光速で宇宙旅行させて，もとの場所まで戻すのである（図 7・18）．もう 1 つの口は動かさない．［ちなみに，口 A のまわりに口 B を亜光速で公転させるという，ノビコフの改良案（I.D. Novikov 1989）もある．］

　こうやって片方の口を運動させると，相対論的な時間の遅れによって，動かさなかった口に比べ，加速してやった口の方が"歳"をとらないのだ．その結果，加速して戻ってきた"若いまま"の口に入ると，もう一方の口も若かったとき，すなわち入った時代からすれば過去の世界へ抜け出ることが

できるというわけだ．

　ワームホールマシンでは，ワームホールが作られたときより過去へは行けないし（だから現在にタイムトラベラーが来ていなくても矛盾はない），べらぼうにエネルギーがいるが（ソーンたちは未来の技術にまかせている），きわめて面白いアイデアである．

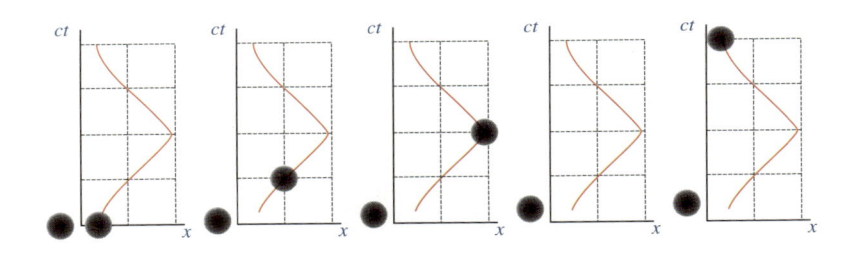

図7・18　ワームホールタイムマシン建造時のミンコフスキーダイアグラム．静止した口A（左側）に対し，口B（右側）を亜光速で遠方まで往復させると，口Bは歳を取らないので，口Bとつながっている口Aは（帰還した口Bからみて）過去に置き去りにされる．

　ちなみに，専門家のキップ・ソーンもアドバイスしたカール・セーガン『コンタクト』には，銀河系じゅうに張り巡らされたワームホール地下鉄のネットワークが描かれている．またソーンらの論文の直後に書かれたスティーヴン・バクスター『時間的無限大』では，早速，ワームホールを利用したタイムマシンがガジェットとして使われている．さらに最近出版されたアーサー・C・クラークとバクスターの『過ぎ去りし日々の光』では，"ワームカム"と呼ばれるワームホールを利用したカメラを契機に世界が変化するさまが描かれているのだが，ワームカムを通して眺めた向こう側の空間の描写が素晴らしい．専門用語をたくさん並べるよりは，これらのSFを読んだ方が理解がはやいかもしれない．

CHAPTER 8
ブラックホールの利用法

　前章までで，ブラックホール宇宙物理の応用面について，重要な側面は概ね述べただろう．ブラックホールについて，まだ解明されていない事柄は少なくないが，一方，この10年ぐらいで非常に理解が進んだ部分も多い．さて，最終章である本章では，さらなる理解が進み，ブラックホールをこの手で取り扱えるようになった段階でのブラックホールの利用法，いわばブラックホールテクノロジーに関して考察してみたい．

8.1　ブラックホール技術

　そのものの特徴・性質を最大限に活かして役立てるのが，技術利用の要だろう．ブラックホールを利用した技術「ブラックホールテクノロジー（いわばブラテク）」について言えば，

　　・強力な重力および潮汐作用
　　・何でも吸い込んでしまう能力
　　・質量をエネルギーに変換する可能性

などに注目したいところだ．

　まずは，家庭内やオフィスなど，身のまわりでのブラックホール技術製品として，ミニブラックホールを利用した〈ブラックホール家電製品〉を考察してみよう．

　ありきたりだがわかりやすい例として，〈ブラックホール屑篭（ディスポーザー）〉が考えられる．ブラックホール屑篭は，紙くずはもとより，生ごみでも燃えさしでも，どんなゴミでも吸い込んでくれる便利なアイテムだ．ただ，ブラックホール屑篭にいったん捨てると，二度と取り出せないというリスクもある．証拠隠滅や完全犯罪の道具に使われるかもしれない．さらに捨てた物体は，屑篭

CHAPTER8　ブラックホールの利用法

の質量を増やす以外には，何の役にも立たないので，廃物利用（リサイクル）の面からは，自然に優しいアイテムとは言えないかもしれない．

　自然の資源を有効に利用するという観点からは，〈ブラックホール分解器（ディコンポーザー）〉を利用すべきだろう．これはブラックホールの強大な潮汐力でゴミなどを粉々にするアイテムだ．しかも粉々にした物質をもう一度取り出して再生利用するのである．もっとも，素粒子レベルまで分解された物質を，どのように回収し再構成するかは，別の技術革新を必要とするだろう．

　ブラックホールに塵芥や物質を落とすと，一般に物質のもっていた重力エネルギーを解放するために，ブラックホール周辺の物質が光り輝く．またブラックホールがミニブラックホールである場合には，ホーキング放射という形で強烈なエネルギーを放射している場合もあろう．これらの放射エネルギーを利用した〈ブラックホール灯（ランプ）〉や〈ブラックホール暖房（ヒーター）〉も，原理は非常に簡単なだけに，最初に作られるブラックホール家電製品かもしれない．初期投資以外は維持費などもいらないタダ同然の家電になるし，塵芥処理と暖房を兼ねることもできるというオマケもある．やや問題は，ブラックホールの質量が小さい場合には，ホーキング放射で出されるエネルギーがきわめて高い点である．超高エネルギー放射を和らげたり無害化したりするための装置の値段が高すぎてしまうかもしれない．

　もう少し大掛かりには，都市や宇宙船規模で，エネルギー源としての〈ブラックホール発電〉が挙げられる．

　家電製品としてのブラックホール発電は，超高エネルギー放射のシールドという点から心配だが，巨大な発電システムなら，防御シールドなどもコスト的に引き合うようになるだろう．ブラックホール発電機（モーター）を，宇宙船などの乗り物に搭載すれば，〈ブラックホールエンジン〉の一丁上がりだ．ちなみに，SFの世界では，カー＝ニューマン・ブラックホールを使ったカーネル発電（ラリイ・ニーヴン〈ノウン・ワールド・シリーズ〉）や，ブラックホールのまわりの人工降着円盤を使ったカーリー発電（林譲治〈カーリー・シリーズ〉），ブラックホールを利用した宇宙船駆動としてノード推進（アーサー・C・クラーク『地球帝国』）などが知られている．

　また，まず間違いなく，人類の想像力が思いつく限り，〈武器〉としての利

8.1 ブラックホール技術

用も検討されるだろう．

　最も単純なものとしては，ミニブラックホールを弾丸として打ち出す〈ブラックホール分解銃（ガン）〉が考えられる．ただし，ミニブラックホールのサイズは非常に小さく，しかも物質をやすやすと通り抜けるので，どれくらいダメージが与えられるかわからない．確かに，強力な潮汐力でブラックホールのサイズよりはかなり広範な範囲を破壊するものの，その点まで考慮してさえ，期待ほどの攻撃能力はないかもしれない．さらに悪いことには，地上でブラックホールガンを使用した場合，ミニブラックホール弾丸は地球内部を楕円軌道を描いてぐるりと通過し，数十分後に発射された場所に戻ってくるだろう．これまた危険この上ない．単純な武器としてブラックホールを打ち出す場合には，せめて，砲弾として打ち出す〈ブラックホール分解砲（ディスラプター）〉ぐらいの規模にして，かつ使用は宇宙空間だけに限るのがベターだと思われる．また究極の武器である惑星破壊兵器としては，太陽質量程度の通常のブラックホールを敵惑星にぶつける〈ブラックホール爆弾（ボム）〉がある．もっとも，これを使うと，敵方の惑星どころか，その惑星のある太陽系までバラバラになってしまうこと必定である．

消滅？放射

図8・1　ブラックホール護美穴はいかが？．

CHAPTER8　ブラックホールの利用法

　その他の応用例も少しばかり考案してみよう．
　宇宙ステーションや惑星などの巨大な施設・宙域を防御する装置として，〈ブラックホール防御壁（シールド）〉というものが開発されるかもしれない．これは，防御したい天体のまわりに無数のブラックホールをランダムに軌道運動させるものだ．ブラックホールは何でも吸い込み破壊するので，宇宙ミサイルや軌道爆雷はもちろん，コロニーレーザーさえ歯が立たないだろう．ほぼ完璧な盾だが，ただし，矛としてブラックホール爆弾をぶつけたときにどうなるかは不明である．また現在判明しているブラックホールシールドの唯一の欠点は，外部から中へ攻撃できない反面，内部から外へ出ることもできないという点である．もっとも，この欠点を長所として生かせば，すなわちブラックホールシールドを内向きに使えば，〈ブラックホール監獄（ジェイル）〉を作ることができる．ブラックホールでできた檻なら，悪魔さえ閉じ込めることができるだろう（小松左京『結晶星団』にそんな話があったはず）．

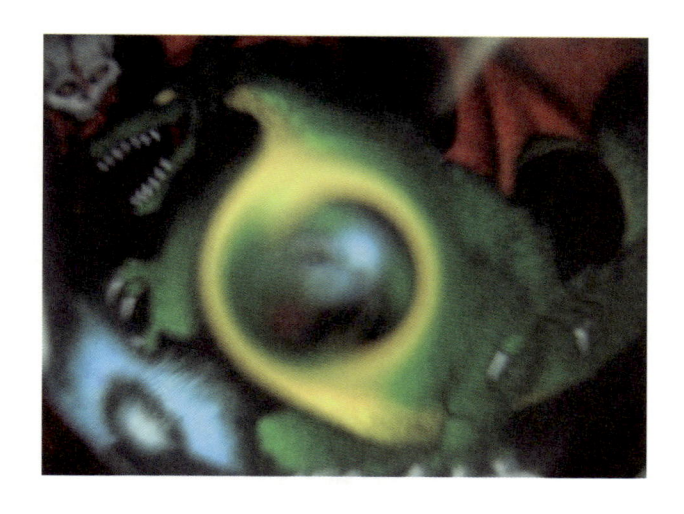

図8・2　ブラックホール監獄．
檻を形作るブラックホールの重力レンズ効果によって，閉じ込められたモンスターが歪んで見えている．

効率はあまりよくないかもしれないが，地中さえも突き抜ける〈ブラックホール通信〉もある．これは，ミニブラックホールがお互いのまわりを回り合っている連星ミニブラックホールを使って，指向性重力波を発生させる装置だが，その仕様は十分わかっていない．医療用には，患者のガン細胞にミニブラックホールをいろいろな方向から当てて，ガン細胞だけを殺す装置も開発されるかもしれない．ただし，ブラックホール療法は誰も受けたがらないと予想される．

8.2　ブラックホール機関

エンジン，モーター，ドライブ，どう呼んでもよいが，発電機関・推進機関（駆動）としての「ブラックホール機関」について，もう少し詳細な検討をしてみよう．

まず，発電所や宇宙船にブラックホールを据え付けるためには，ブラックホールが勝手に動かないように，何らかの方法でブラックホールを"保持"しないといけない．一番シンプルなのは，ブラックホールを帯電させて，周囲に配置した電場によって拘束保持する方法だ．例えば，平面内で正三角形の形に配置した帯電物体の作る電場ポテンシャルは，正三角形の中心がくぼんだ形をしているので，そこに帯電ブラックホールを安定に置くことができる（図8・3）．もちろん，3次元空間の場合は，正三角形の平面に垂直方向に動いてしまうので，そのときは，正四面体の形に帯電物体を配置して，正四面体の中央で帯電ブラックホールを保持すればいいだろう．

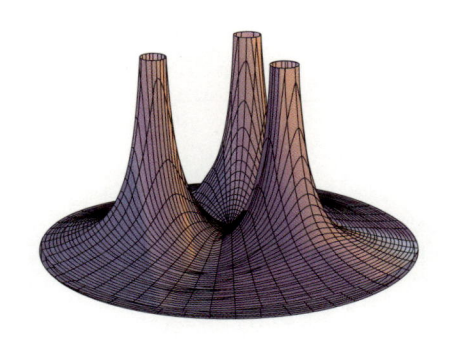

図8・3　帯電ブラックホールを保持するための電場ポテンシャル．

CHAPTER8 ブラックホールの利用法

　次に，ブラックホール機関の"出力（パワー）"いわば発電量だが，これには，大きく分けて，燃料ガスを供給して物質の重力エネルギーを解放する"重力発電"と，ホーキング放射による"量子発電"の2種類がある．太陽質量のようなブラックホールでは前者が効き，かなり小さなミニブラックホールでは後者が優勢になる．例えば，1トンのミニブラックホールだと，重力発電のパワーは最大でも1万ワット程度でファンヒータ10個分ぐらいにしかならないが，量子発電のパワーは太陽光度に匹敵するものになる．

　燃料がたっぷり供給されてブラックホールがエディントン光度で輝いているときの，重力発電の出力（パワー）と量子発電のパワーを図8・4に示す．ブラックホールの質量が約4000万トンのときに，重力発電の効率と量子発電の効率が等しくなる．そのときの出力は，約2300億Wである．

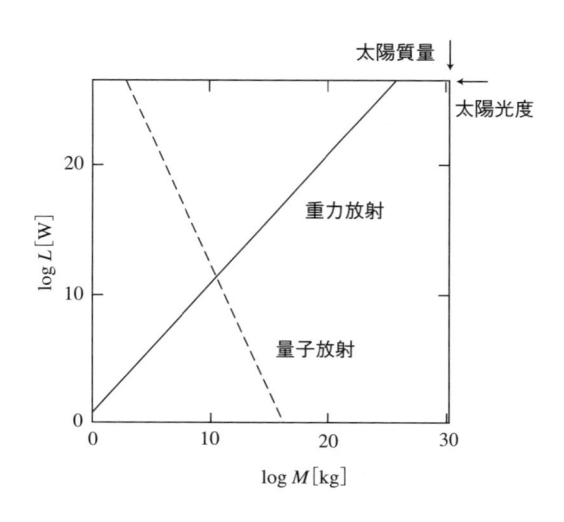

図8・4　重力発電と量子発電の出力（パワー）．

8.2 ブラックホール機関

 最後に駆動・推進の能力だが，作用反作用の法則に基づいて推進する限り，たとえエネルギー発生率の高いブラックホール推進でも，現行のロケット推進と基本原理は変わらない．すなわち，宇宙空間から燃料を補給するラムジェット推進や，レーザー光で推進するタイプを除いて，ふつうの宇宙船は，推進剤（燃料も含む）を噴出して，その反動で推進する．噴出した推進剤の質量と噴射速度の積の分だけ運動量を得て推進する．したがって，より多くの推進剤を使えば，またより高速で噴射すれば，より大きな最終速度を得ることができる．（燃料を燃やしてその残りを噴射する場合には，最適速度が存在するが，いまは考えない）．推進剤を噴射する前の，推進剤＋ロケット本体（構造材やペイロードなど）の質量を，推進剤を噴射した後の，ロケット本体の質量で割った値を，「質量比」Rと呼ぶが，質量比が大きいほど，当然，最終速度は大きくなる．図8・5に，いろいろな噴射速度wに対して，質量比Rの関数として，最終速度vを示しておく．

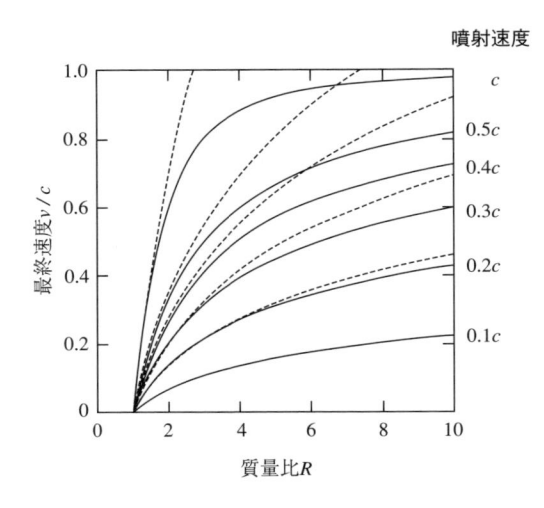

図8・5 ロケットの最終速度．
横軸は，加速前の初期質量（推進剤＋本体）を加速後の質量（本体のみ）で割った質量比Rで，縦軸は，光速を単位とした加速後の最終速度v/cである．複数ある曲線は，噴射速度wをいろいろ変えたもので，破線はニュートン力学での計算であり，実線は特殊相対論に基づく計算（光速を超えることはない）．

数式コーナー

ブラックホールの放射パワー

・質量降着による重力放射の出力（パワー）

　燃料が十分供給されていてブラックホールがエディントン光度で輝いているとき，重力エネルギー解放の出力 L_E（エディントン光度）は，

$$L_E = 1.25 \times 10^{31} \text{W}\ (M/1\,\text{太陽質量})$$
$$= 6.28 \text{W}\ (M/1\text{kg})$$

になる．

・ホーキング放射による量子放射の出力（パワー）

　地平面近傍の量子効果によるホーキング放射の出力 L_H は，

$$L_H = 8.03 \times 10^{-29} \text{W}\ (M/1\,\text{太陽質量})^{-2}$$
$$= 3.18 \times 10^{32} \text{W}\ (M/1\text{kg})^{-2}$$

となる．

ロケット方程式

加速する前の初期質量（推進剤＋ロケット本体）を M_i
加速した後の最終質量（ロケット本体のみ）を M_f
質量比 $R = M_i / M_f$
噴射速度 w
ロケットの最終速度 v

・ニュートン力学での最終速度の式

$$v = w \ln(R)$$

・特殊相対論を用いた最終速度の式

$$\frac{v}{c} = \frac{R^{(2w/c)} - 1}{R^{(2w/c)} + 1}$$

8.3 ブラックホール都市

　最後に，ブラックホールを極限まで利用した都市や文明，いわば，「ブラックホール都市」「ブラックホール文明」について考察する．

　まず重力発生装置としての利用法から．

　ブラックホールのまわりを軌道運動する宇宙ステーション型の居住施設（ハビタット）－軌道ハビタット－はどうだろう．ふつうは，軌道運動している宇宙ステーション内では，重力と遠心力が釣り合うために，重力は働かない．ブラックホールでも状況は同じだが，ブラックホールの場合は潮汐力が非常に大きいので，潮汐力による擬似的な重力が使える．例えば，10太陽質量のブラックホールから24000kmの距離で軌道運動しているステーションでは，10mの高度差での潮汐力が地上と同じ強さになる．距離差10mで潮汐加速度が1G，0.1G，0.01Gとなる場合のブラックホールからの距離を図8・6に示す．

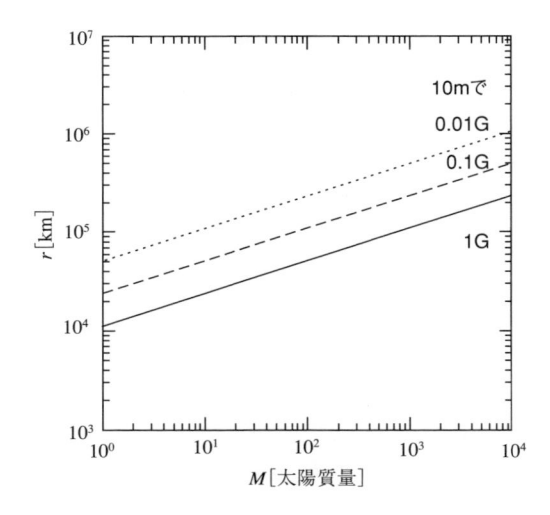

図8・6　ブラックホールを公転する軌道ハビタットの適切な公転半径．実線はハビタットの高度差が10mで，潮汐加速度が地上と同じ1Gの場合を，破線は0.1Gの場合を，点線は0.01Gの場合を表す．

CHAPTER8 ブラックホールの利用法

　ブラックホールを囲むように建設された球殻状の居住施設－固定ハビタットーならどうなるか．まず，重力環境については，10太陽質量のブラックホールだと，そのまわりに半径が0.1天文単位の球殻を作ると，球殻上での重力加速度が，だいたい地上と同じ強さになる．球殻上での重力加速度が1G，0.1G，0.01Gとなる場合の球殻半径を図8・7に示す．

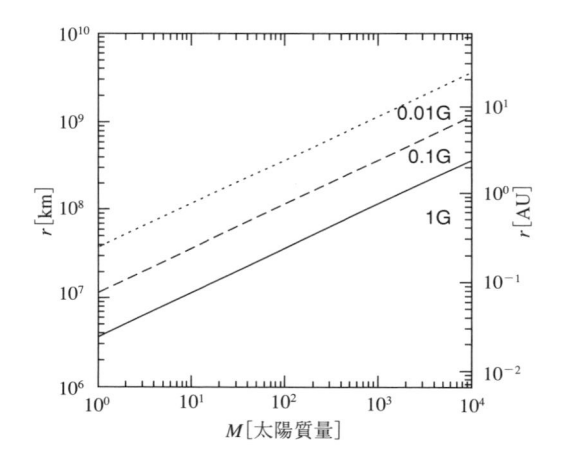

図8・7　ブラックホールを取り囲んで建設された球殻ハビタットの適切な半径.
実線は球殻上での重力加速度が地上と同じ1Gの場合を，破線は0.1Gの場合を，点線は0.01Gの場合を表す．

　ブラックホールを取り囲むように建設された都市では，廃棄物の処理に頭を悩ます必要はない．危ないモノも環境を汚すモノも，みなブラックホールに落としてしまえばいい．実際，そういう文明が，ホイーラーたちが著した相対論の分厚いテキスト*Gravitation*にも載っている．また当然，エネルギー発生装置としてのブラックホールの機能を有効に利用することができる．恒星を取り囲むように建設された球殻（一体型でなくてもよい）を「ダイソン球」と呼んでいるが（F. Dyson 1960），いわば，ブラックホール版ダイソン球というわけだ．バリエーションとしては，（ブラックホールのまわりの）降着円盤を中心とする

8.3 ブラックホール都市

降着円盤文明などもある(Fukue 1995, 1999).

ところで,球殻の半径が地平面に近づくと,光線の曲がりのために景色がセリ上がり,まるでスリバチの底のように見えるようになるだろう.図8・8を参照に想像してみて欲しい.

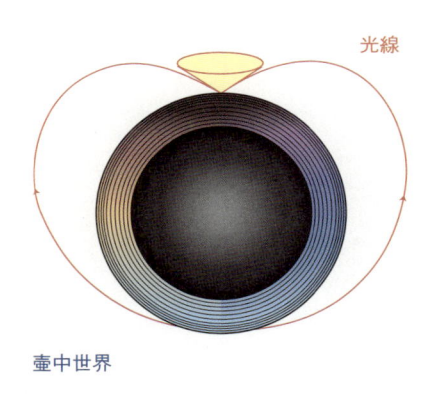

図8・8 壺中世界.

参考文献

●入門書

石原藤夫『SF相対論入門』講談社ブルーバックス（1971年）．

石原藤夫『銀河旅行と一般相対論』講談社ブルーバックス（1986年）．

福江純『降着円盤への招待』講談社ブルーバックス（1988年）．

福江純『宇宙ジェット』学習研究社（1993年）．

キップ・S・ソーン『ブラックホールと時空の歪み』白揚社（1997年）．

福江純『SF天文学入門（上下）』裳華房（1997年）．

福江純・山田竜也『重力レンズでさぐる宇宙』岩波書店（1997年）．

北本俊二『X線でさぐるブラックホール』裳華房（1998年）．

福江純『アインシュタインの宿題』大和書房（2000年），光文社文庫（2003年）．

嶺重慎『ブラックホール天文学入門』裳華房（2005年）．

Kaufmann, W.J. "The Cosmic Frontiers of General Relativity", Penguin Books, 1977.

●テキスト

ランダウ＝リフシッツ『場の古典論（原書第6版）』（恒藤敏彦・広重徹訳）東京図書（1978年）．

中野董夫『相対性理論』岩波書店（1984年）．

福江純『ブラックホールの世界　目で視る相対論Ⅰ』恒星社厚生閣（1990年）．

福江純『スターボウの世界　目で視る相対論Ⅱ』恒星社厚生閣（1991年）．

戸田盛和『相対性理論30講』朝倉書店（1997年）．

柴田一成・福江純・松元亮治・嶺重慎　共編『活動する宇宙－天体活動現象の物理－』裳華房（1999年）．

Shoji Kato, Jun Fukue, Shin Mineshige『Black-Hole Accretion Disk』Kyoto University Press（1998）．

あとがき

『ブラックホールは怖くない！』のあとがきにも書いたように，本書は，ミレニアム2000年に企画がスタートした"アインシュタインシリーズ"の一環として執筆したものである．ブラックホール宇宙物理について，当初は1冊のつもりだったのが，あっと言う間に膨らんでしまい，ブラックホールについての基礎的な考え方など当初考えていた構想の前半部分は姉妹書で，宇宙におけるブラックホールの現れ方・役割など後半部分は本書『ブラックホールを飼いならす？』でまとめた．基礎編に相当する『ブラックホールは怖くない！』とのつながりは深いものの，応用編に相当する本書だけでも読めるように配慮してある．

本書でも，下絵（イラスト，説明図，グラフ，写真）はデジタルで用意し，プログラムはWindowsで走るようにした．なかなか面倒な一方で，絵を描くのは面白いし新たな視覚化もできて，それなりに楽しめた．

なお，姉妹書も本書も，文章は主に一太郎で作成した．普段は軽いエディタを使っているが，まとまったものになると，やはり定番は一太郎というところだ（LaTeXは字数の計算ができなくて）．簡単な図形やグラフは，SMA4WINというWindows用のソフトで作成し，多くのイラストや説明図は，Paint ShopProとFLASHを用いた．お絵かきソフトは多いが，それぞれに得意分野が違うので，複数使い分けることになってしまうようだ．相対論な計算で，グラフデータや画像データを作成するプログラムは，F-BASICとMathematicaを使った．パソコン環境が普及したのに反比例するように，数値計算の環境は不便になったが，N88-BASICをF-BASICに移植できたのは幸いである．いずれにせよ，最近は，すぐれたソフトがあって大助かりである．

本シリーズの担当である恒星社の片岡一成さんには，いろいろお世話になった点を感謝したい．最後に，本書を手に取っていただいたすべての方に感謝すると共に，ブラックホールの世界は，ここから先が面白いのだから，ここで止まらずに先へ進んでいただきたいと願う．

2005年4月

京都吉田山山麓にて　福江　純

☆著者紹介

福江 純（ふくえ じゅん）

1956年，山口県宇部市に生まれる．1978年，京都大学理学部卒業．1983年，同大学大学院（宇宙物理学専攻）を修了．現在，大阪教育大学天文学研究室教授．理学博士．専門は相対論的宇宙流体力学，とくにブラックホール降着円盤と宇宙ジェット現象．趣味は，SF，マンガ，アニメ，ゲーム．主な著書に，『ブラックホールの世界』（恒星社厚生閣），『アインシュタインの宿題』（光文社知恵の森文庫），『最新天文学小辞典』（東京書籍），『100歳になった相対性理論』（講談社），『科学の国のアリス』（大和書房）など．

版権所有
検印省略

EINSTEIN SERIES volume7
ブラックホールを飼いならす！
ブラックホール天文学応用編

2006年6月5日　初版1刷発行

福江　純　著

発行者　片岡　一成
製本・印刷　株式会社 シナノ

発行所　株式会社 恒星社厚生閣
〒160-0008　東京都新宿区三栄町8
TEL：03(3359)7371／FAX：03(3359)7375
http://www.kouseisha.com/

（定価はカバーに表示）

ISBN4-7699-1040-1　C3044

続々刊行予定　EINSTEIN SERIES
A5判・各巻予価3,300円

vol.1　星空の歩き方
　　　　　―今すぐできる天文入門
　　　　　　　　　　　　　　　　　渡部義弥 著

vol.2　太陽系を解読せよ
　　　　　―太陽系の物理科学
　　　　　　　　　　　　　　　　　浜根寿彦 著

vol.3　ミレニアムの太陽
　　　　　―新世紀の太陽像
　　　　　　　　　　　　　　　　　川上新吾 著

vol.4　星は散り際が美しい
　　　　　―恒星の進化とその終末
　　　　　　　　　　　　　　　　　山岡 均 著

vol.5　宇宙の灯台 パルサー
184頁・3,465円（税込）
　　　　　　　　　　　　　　　　　柴田晋平 著

vol.6　ブラックホールは怖くない？
　　　　　―ブラックホール天文学基礎編
192頁・3,465円（税込）
　　　　　　　　　　　　　　　　　福江 純 著

vol.7　ブラックホールを飼いならす！
　　　　　―ブラックホール天文学応用編
184頁・3,465円（税込）
　　　　　　　　　　　　　　　　　福江 純 著

vol.8　星の揺りかご
　　　　　―星誕生の実況中継
　　　　　　　　　　　　　　　　　油井由香利 著

vol.9　活きている銀河たち
　　　　　―銀河の誕生と進化
　　　　　　　　　　　　　　　　　富田晃彦 著

vol.10　銀河モンスターの謎
　　　　　―最新活動銀河学
　　　　　　　　　　　　　　　　　福江 純 著

vol.11　宇宙の一生
　　　　　―最新宇宙像に迫る
　　　　　　　　　　　　　　　　　釜谷秀幸 著

vol.12　歴史を揺るがした星々
　　　　　―天文歴史の世界
232頁・3,465円（税込）
　　　　　　　　　　　　　　　作花一志・福江 純 編

別　巻　宇宙のすがた
　　　　　―観測天文学の初歩
　　　　　　　　　　　　　　　　　富田晃彦 著

タイトル，価格には変更の可能性があります．